创客教育丛书
MAKER & EDUCATION

中国电子学会创客教育专家委员会　中国创客教育联盟　**推荐**

一块面包板
玩转 Arduino 编程

Mixly 图形化编程入门

■ 刘鹏涛 杨剑 编著

U0292485

Learn Arduino with Breadboard

人民邮电出版社

北京

图书在版编目（CIP）数据

一块面包板玩转Arduino编程：Mixly图形化编程入门 / 刘鹏涛，杨剑编著. -- 北京：人民邮电出版社，2018.1
（创客教育）
ISBN 978-7-115-47356-1

Ⅰ. ①一… Ⅱ. ①刘… ②杨… Ⅲ. ①单片微型计算机—程序设计 Ⅳ. ①TP368.1

中国版本图书馆CIP数据核字(2017)第290092号

内 容 提 要

本书将Arduino图形化编程知识与Arduino常见传感器、外围电路通过一块面包板巧妙地呈现出来，既有针对软件编程方法与技巧的讲解，又有关于电路及传感器知识的介绍。每个章节的内容都以一个应用性的题目呈现出来，前后内容既相互关联，又不重复，同时在每个应用案例后还给出了进阶题目让读者思考、完成，起到举一反三和提高的作用，更可直接用作课堂作业，帮助学生复习该节知识和进一步提高。

在编写本书的过程中，作者评估了不下10种软硬件方案，与几十所学校的老师进行了交流，对上百学生实际上课进行了验证，并在多个比赛中检验了方案有效性。本书内容特别适合刚刚接触Arduino（创客）编程的人群从零起步入门了解Arduino控制器、传感器的使用方法与编程方法，也非常适合用作中小学普及性编程教育的基础教材。为配合书中内容教学，帮助大家学习和推广创客编程教育，作者在网上提供了几十段案例演示视频，还专门为读者和老师开通了QQ交流群。这是一本难得的将教育服务延伸到了教材当中的图书。

◆ 编　著　刘鹏涛　杨　剑
　　责任编辑　周　明
　　责任印制　周昇亮

◆ 人民邮电出版社出版发行　　北京市丰台区成寿寺路 11 号
　　邮编　100164　电子邮件　315@ptpress.com.cn
　　网址　http://www.ptpress.com.cn
　　北京瑞禾彩色印刷有限公司印刷

◆ 开本：690×970　1/16
　　印张：6.25　　　　　　　　　　2018 年 1 月第 1 版
　　字数：144 千字　　　　　　　　2018 年 1 月北京第 1 次印刷

定价：49.00 元

读者服务热线：(010)81055339　印装质量热线：(010)81055316
反盗版热线：(010)81055315
广告经营许可证：京东工商广登字 20170147 号

前　言

　　自创客运动兴起以来，编写程序变得越来越简单，不再是程序员的专利。在各种各样的编程方式、语言、软件当中，图形化编程对于推广创客教育和创客活动功不可没！

　　Mixly（中文名称为米思齐）是一款由北京师范大学教育学部创客教育实验室傅骞教授团队基于 Google 的 Blockly 图形化编程框架开发的图形化 Arduino 编程软件。

　　网页版 Mixly（mixly.coolmakers.cc）是在傅骞教授团队的技术支持下开发的网络在线版编程环境，其编程界面和所支持硬件平台与单机软件版 Mixly 基本一致，并且加入了课程资源，无需安装编程软件即可完成编程过程（只需安装硬件驱动程序），主要适用于使用较老的计算机操作系统（如 Windows XP）的用户学习 Arduino 编程。本书所涉及的参考样例程序主要使用 Mixly 图形化编程软件网络版编写。

　　Mini Bread Uno 是特别针对初学 Arduino 编程的用户而设计的一款兼容 Arduino Uno 的低成本 Arduino 开源硬件平台，因平台上自带一块 Mini 面包板而得名，非常适合校园 Arduino 编程入门教学课程使用。本书中所有编程应用案例均使用这款平台完成。

　　本书同时结合计算机表演赛、智能编程任务赛、中小学创客编程赛、单片机编程技能赛等比赛题目，以及在各类创客挑战赛中常用的电路器材，由浅入深地通过一个个编程实例，结合部分参赛作品引导读者从零起步学习编程，在短时间内快速掌握创客项目常用电子电路器材的使用与编程方法，并具备从搭建硬件到编程的能力。

目　录

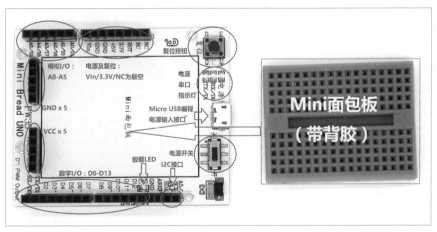

第1章 硬件平台介绍与软件快速入门

1.1 硬件平台介绍

导读

Mini Bread Uno（迷你面包Uno）是针对初学Arduino编程的老师和学生而设计的一款兼容Arduino Uno的低成本Arduino开源硬件平台，因平台上自带一块Mini面包板而得名，非常适合校园Arduino编程入门教学课程使用。

硬件布局与对外接口

Mini Bread Uno平台使用兼容性更好的CP2102作为串口转USB（编程/通信）接口芯片，总体的结构设计和布局非常简洁，图1.1标出了平台的主要接口。

图 1.1 Mini Bread Uno 平台的主要接口

为了方便大家更好、更快地熟悉这个平台，我们将Mini Bread Uno和使用最广泛的Arduino Uno平台做了对比，它们的外观差别如图1.2所示。

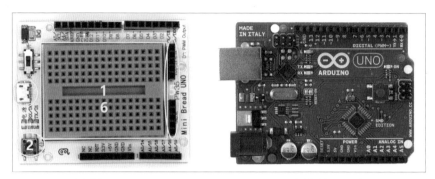

图 1.2　Mini Bread Uno 和 Arduino Uno 平台外观区别

几点主要的区别如下：

（1）绝大多数元器件挪到了背面；

（2）平台的复位按钮位置不同；

（3）用来编程的 USB 接口为 Micro USB，而不是我们常见的 Type B 类型；

（4）去掉了外接电源输入口，仅采用 USB 供电方式；

（5）正面增加了 5 个 5V 电源插孔和 5 个 GND 插孔（见图 1.3）；

（6）正面预留了一个粘贴 Mini 面包板的位置，方便教学使用。

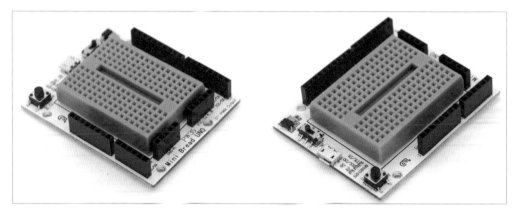

图 1.3　Mini Bread Uno 侧视图

Mini Bread Uno 还具有以下几个特色：

（1）平台采用白底黑字，大方美观，非常方便辨认；

（2）采用 Micro USB 5V 电源输入口，最大可以提供 10W 左右的驱动能力；

（3）采用USB有线编程；

（4）平台自带Mini面包板，方便课堂教学使用。

1.2 安装USB转串口电路驱动程序

导读

USB接口是目前绝大多数计算机平台都支持的通用接口，为了能够尽可能地兼容更多的计算机系统，Arduino程序的下载基本采用USB接口转串口的形式完成。因此在开始编程之前，我们需要首先在计算机上安装USB转串口电路的驱动程序。

本书中使用的USB转串口电路为Silicon公司的USB转UART VCP（Virtual COM Port）虚拟串口解决方案，具备非常好的技术支持，驱动程序覆盖了几乎所有常用的操作系统。

驱动程序安装（以CP210x方案为例）

将Arduino通过USB数据线接到计算机上后，很多新操作系统，如Windows 10可以自动识别并且通过网络获取最新的驱动程序，自动安装设备驱动程序。编程平台与计算机的连接请参考图1.4。

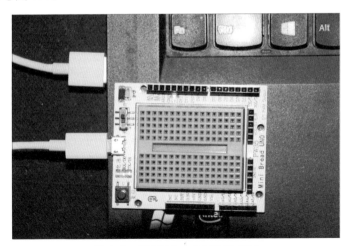

图 1.4 编程平台与计算机的连接

驱动程序成功安装后，可以在设备管理器中看到如图1.5所示的通用串行通信设备（以Windows操作系统为例）。

如果遇到驱动程序自动识别、安装失败的情况，可以考虑手动下载驱动程序并安装，下面简单列出几种驱动程序下载途径及安装方法。

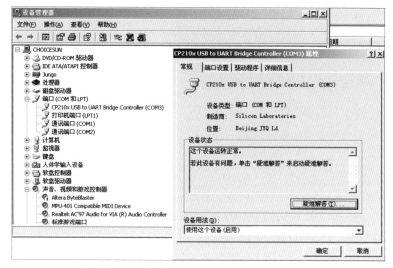

图 1.5 在设备管理器中看到通用串行通信设备

官方网站（推荐）

Silicon CP210x系列新品的驱动程序可到官方网站silabs.com的"Products"→"USB Bridges"→"Download USB to UART Bridge VCP Drivers"处下载。

网站上列出了所有支持的操作系统的驱动程序下载链接以及安装方法指导，登录网站并根据所使用的操作系统完成驱动程序更新即可。

百度网盘下载

在如下百度网盘下载驱动程序，并根据操作系统选择最适合的驱动程序进行安装，下载文件内内含Windows XP安装指导及MacOS安装建议，解压后文件夹内容如图1.6所示。

Name	Date modified	Type	S
Android	2017/7/16 17:49	File folder	
CP210x_VCP_Linux	2015/10/2 6:02	File folder	
CP210x_VCP_MacOS	2017/7/16 17:51	File folder	
CP210x_VCP_Win2K	2017/7/16 17:55	File folder	
CP210x_VCP_Win7&8&8.1&10	2017/7/16 20:52	File folder	
CP210x_VCP_WinCE	2017/7/16 17:53	File folder	
CP210x_VCP_WinXP&Sever2003&Vista&7&8&8.1	2017/7/16 17:56	File folder	
usu驱动安装说明书.doc	2017/7/16 20:56	Microsoft Word 9...	

图 1.6 解压后的驱动程序文件夹

文件名：CP2102 drivers for All OS.zip

链接：https://pan.baidu.com/s/1nvBNLl3

密码：9xcv

安装常见问题

驱动程序安装失败的原因多种多样，可以参照作者订阅号中以下内容尝试解决。

- Windows 10 禁用驱动程序强制签名的方法

- Windows 7 Ghost 系统软件/驱动安装失败的解决方案

- AMD CPU 系统软件/驱动安装失败的解决方法

- MacOS 系统 CP2102 驱动安装（识别）错误的解决方法

1.3 编程软件 Mixly 快速入门

导读

Mixly（全称为 Mixly_Arduino，中文名称为米思齐）是一款由北京师范大学教育学部创客教育实验室傅骞教授团队基于 Google 的 Blockly 图形化编程框架开发的开源图形化 Arduino 编程软件。

网页版 Mixly（mixly.coolmakers.cc）是在傅骞教授团队的技术支持下开发的网络版编程环境（体验版），其编程界面和所支持硬件平台与单机版 Mixly 基本一致。

本书中的案例为了适应不同操作系统和平台，以网页版 Mixly 为主要编程环境完成，网页版中集成了案例示例、动态演示与效果视频，方便使用本书的读者进行参考。

单机版软件下载

方法 1：米思齐官网下载

地址：http://maker.bnu.edu.cn/

支持操作系统：Windows XP/Windows 7/Windows 8/Windows 10/MacOS/Ubuntu 等

方法 2：百度网盘下载（版本可能不是最新的，见图 1.7）

下载链接：https://pan.baidu.com/s/1nv5ckTN

密码：t24w

图 1.7　百度网盘下载单机版软件

编程浏览器下载

由于插件的限制，目前网页版 Mixly 仅可在谷歌（Google）浏览器（Chrome）上使用，其他浏览器暂时还不支持。

在已有浏览器打开百度搜索（www.baidu.com）。

在搜索栏中输入关键字"谷歌 Chrome 浏览器"进行搜索并在结果中找到适合的下载链接进行下载并安装（Windows XP 系统有可能需要增加关键词 WinXP）。

浏览器插件下载

由于浏览器插件的安全性要求，我们需要手动完成插件的安装，请参考如下步骤完成插件的安装。

1 下载浏览器插件 mixly_chrome_app_CMCC.crx。

下载链接：https://pan.baidu.com/s/1nv5ckTN

密码：t24w

2 打开谷歌 Chrome 浏览器，在地址栏输入"chrome://extensions/"，按回车键。

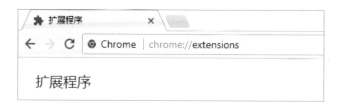

3 将下载的插件 mixly_chrome_app_CMCC.crx 拖入该页面中安装，安装成功后会看到 Mixly App 插件。

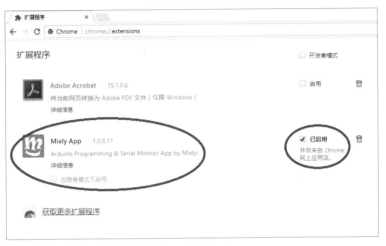

快速开始（验证）

我们将通过一个样例程序来验证整个（网页版）编程系统是否可以正常工作。

1 正确连接 Arduino 编程平台，打开谷歌 Chrome 浏览器并输入网址："mixly.coolmakers. cc"（首次打开会比较慢），如果能看到串口端口号（Windows 系统），则表示整个系统的驱动程序与插件都安装成功。

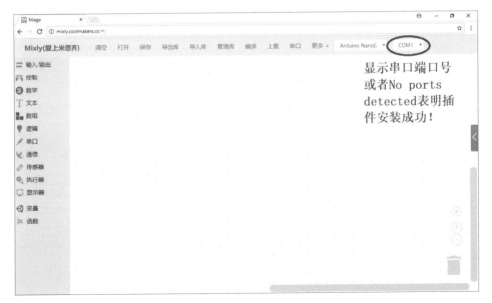

2 对于Mac OS系统，串口显示一般如下图所示。

3 参照下图所示的3个步骤，打开一个简单的Arduino闪烁LED样例程序（01BLINK.XML）。

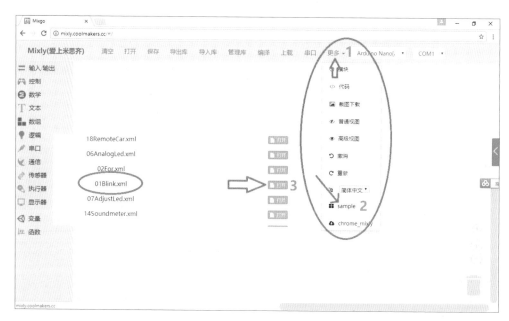

4 选择正确的板卡类型（本例为Arduino Uno），并上载程序。

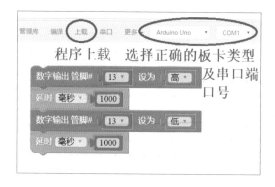

5 完成后，程序被上载到 Arduino 板卡并运行。

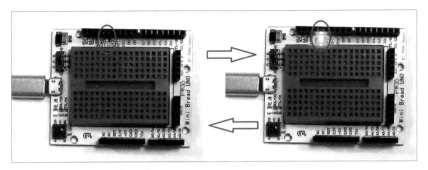

注1： 演示视频获取地址见附录。

注2： 绝大多数兼容版 Arduino 硬件平台上都会预留至少一个板载 LED，Arduino Uno、Nano、Leonardo 等一般把 LED 放在 D13 上，如果使用其他兼容器材，大家可以根据情况设置，能观察到其板载 LED 的闪烁情况即可。

1.4　本章小结

通过本章的学习，我们了解了 Arduino 平台的基本组成，完成了计算机系统驱动程序、软件、浏览器、插件的安装，成功地完成了第一个 Arduino 程序。下一章我们将使用面包板以及基本的 Arduino 分立电子元器件（如 LED、电阻等），学习 Arduino 常见的编程方法以及与数学运算等结合的综合编程应用，同时也会学习一些基础的电路编程知识。

第 2 章 基本编程模块与器材的使用

章节简介

本章的主要学习目标是快速掌握编程方法，内容以综合运用非器件相关类编程功能为主，结合常见创客编程类比赛题目，达到掌握方法并能够灵活应用的目标。每个小节以一个编程小任务展开，如果读者能够独立完成，则后面的内容就可以跳过（或者仅参考）。

2.1 LED交替闪烁（数字输出、延时的使用）

题目要求

使用Mini面包板，选取数字I/O口D3 ~ D12中的任意两个，分别控制一个红色LED与一个绿色LED，让它们交替点亮与熄灭，每个循环周期为2秒。

题目分析

这是一道在基础类编程任务赛以及中小学单片机比赛中非常常见的题目，属于比较简单的类型。从题目分析，我们可以得到的关键信息如下。

- 直接用到的器材：Arduino平台、Mini面包板、红/绿LED
- 间接用到的器材：电阻（LED限流）
- 需要用到的编程模块：循环、控制（数字输出）、延时

下面我们来一步步完成这个题目，同时介绍一下相关器材和电子电路知识。

相关器材

注：本书使用的是带Mini面包板的Arduino Uno兼容平台，对于使用其他不带Mini面包板的Arduino的读者，请参阅本书1.1节关于器材主要区别的内容，同时结合本节最后的"器材使用指导"来完成编程实践。

本书所使用的PW35 Arduino Uno兼容平台本身预留了安装Mini面包板的空间，只需要将Mini面包板的背胶撕开，按照位置粘贴上去即可（见图2.1）。

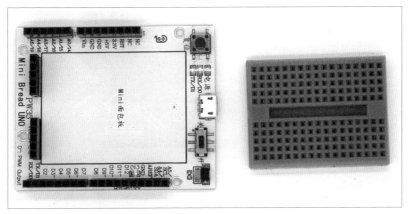

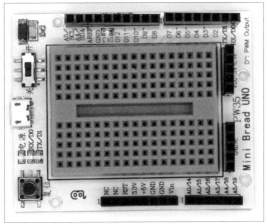

图 2.1　将 Mini 面包板粘贴到 Arduino 兼容平台上

Mini面包板上下共有170个插孔，竖排分上下两部分，每部分每5个孔位一组，上下共34组，每组竖排的5个孔内部是连在一起的（见图2.2）。

电阻与LED

在本节应用中，我们将使用两个数字I/O口来驱动LED，电路中除了LED，还需要使用电阻来限制通过LED的电流（防止烧毁LED）。

LED即发光二极管，是分正负极的，其中长引脚为正极，短引脚为负极。常见的LED有各种单色的，也有多彩的（图2.3中有4根引脚的就是共阴极红、绿、蓝三色多彩LED，长引脚为公共极，我们将在后面用到）。

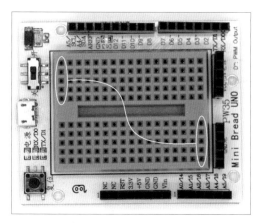

图 2.2　每组竖排 5 个 LED 是连在一起的

图 2.3　LED

　　电阻（见图 2.4）不分正负极，一般 LED 可以串接 220 Ω ～ 3k Ω 的电阻对 LED 进行限流（阻值越大，亮度越低）。

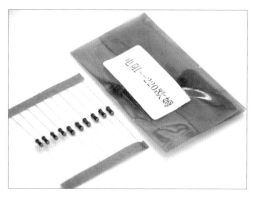

图 2.4　电阻

电路连接——电阻与LED

我们在练习性实验电路搭建中，一般要尽可能少地使用连接线并保持电路整洁有序，这也是很多（单片机）比赛中的评分项目之一（使用的连线数量），本节我们将不使用连接线完成电路的搭建。

电路连接步骤

1 取红色和绿色LED各一个，将长引脚与数字口D7和D3分别相连，短引脚接到Mini面包板靠近的不同列的孔中。

2 取两个220Ω的电阻，将其一端接到LED短引脚所在列，另外一端接到GND那排插孔的任意一个。

连接完成的电路如图2.5所示。

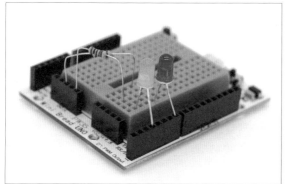

图 2.5　连接完成的电路

程序编写与下载验证

1 将插好电路的主控板用下载数据线与计算机相连接。

2 打开谷歌浏览器并登录网页版编程环境（mixly.coolmakers.cc）。

3 使用数字输出与延时编程模块对数字口 D3 和 D7 进行操作，完成如图 2.6 所示的 LED 红绿交替闪烁程序。

4 在右上角下拉列表中选择正确的编程平台（本例为 Arduino Uno）及所对应的串口。

5 单击"上载"，过一段时间后平台即可完成程序编译与上载过程。

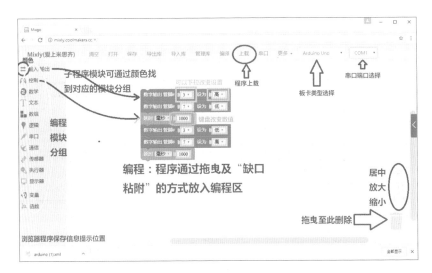

6 观察面包板上的 LED 是否交替闪烁。

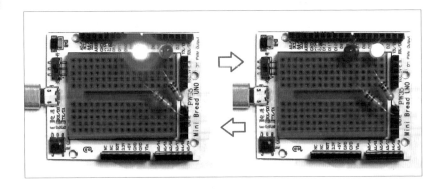

注： 演示视频获取地址见附录。

进阶题目

模拟单组交通灯，使用Mini面包板，选取数字I/O口D3 ~ D12中的任意3个，分别控制红色、黄色、绿色3个LED灯，按照红灯亮6秒→黄灯亮2秒→绿灯亮4秒的顺序，以12秒为周期进行循环控制。

器材使用指导

如何使用其他Arduino兼容器材结合一块普通的面包板完成本书中的编程案例？这里以常见的一种兼容器材来举例。

图2.6所示为在国内影响力非常大的"中国儿童青少年威盛中国芯HTC计算机表演赛"中所使用的一款名为"创造栗"的编程平台。它兼容Arduino Uno，并且提供多种人工智能功能。它的对外接口（结构与定义）与开源硬件Arduino Uno几乎完全一致，这里就以它为例，从器材的主要区别展开，来完成本节的编程实践内容。

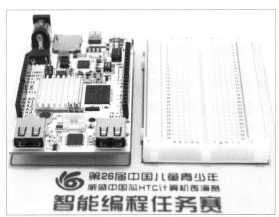

图2.6　"创造栗"编程平台

器材区别1：面包板非板载

如图2.7所示，因为兼容平台上并未包含面包板，所以在连接LED时，我们无法将Arduino的信号管脚（也称引脚、端口、接口，图形化编程软件中多用"管脚"）直接与LED连接，而需要通过杜邦线连接，因此每个信号都要多占用面包板上的一个插孔。

图 2.7 使用杜邦线连接每个信号都要多占用面包板上的一个插孔

器材区别2：电源地需要单独引出

如图2.8所示，因为兼容平台上只有有限的电源与接地插孔，所以在连接电源回路时，需要先把电源地通过杜邦线引到普通面包板上以方便使用。而面包板上的电源地因为紧挨着，因此在连接时需要注意不要插错（初学者经常发生此类错误）。

图 2.8 电源地注意不要插错

器材区别 3：烧录选项

如图 2.9 所示，因为兼容平台种类很多，所以在完成编程、进行烧录前一定要选择正确的板卡类型。

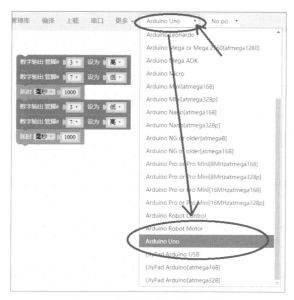

图 2.9　要选择正确的板卡类型

使用这款兼容平台完成编程后的演示效果如图 2.10 所示。

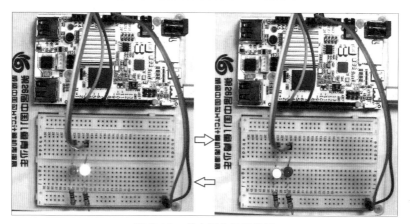

图 2.10　兼容平台编程效果

注： 演示视频获取地址见附录。

2.2 LED呼吸灯（循环与模拟输出的使用）

题目要求

使用Mini面包板，任意选取一个支持PWM（脉冲亮度调制）输出的数字I/O口，控制一个蓝色LED，让它产生由暗逐渐变亮的动态效果，每个循环周期为3秒。

题目分析

LED呼吸灯是一种常见的通过控制LED的明暗来显示某种状态的装置，最常见的例子是在手机待机时，每当收到新消息，我们可以看到手机指示灯明暗交替指示状态。这是一道在基础类编程任务赛以及中小学单片机比赛中非常常见的题目，属于难度中等偏低的入门类型题目。从题目分析，我们可以得到的关键信息如下。

- 直接用到的器材：Arduino平台、Mini面包板、蓝色LED
- 间接用到的器材：电阻（LED限流）
- 需要用到的编程模块：循环、控制（模拟输出）、延时

下面我们来一步步完成这个题目，同时介绍一下相关器材和电子电路知识。

相关新器材：1kΩ电阻

关于Arduino平台、Mini面包板、蓝色LED，请大家参阅前面章节的相关介绍，本节首次使用的器材为阻值为1kΩ的电阻。

我们已经知道电阻是不分正负极的，通过串接电阻对LED进行限流（阻值越大，亮度越低），本节为了能够更清晰地显示LED的明暗控制效果，我们选用阻值稍大（1kΩ）的电阻（见图2.11）。

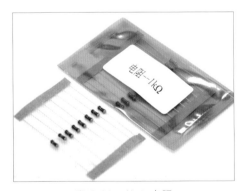

图2.11　1kΩ电阻

电路连接：电阻与LED

为了尽可能少地使用连接线并保持电路整洁有序（在比赛中多拿分），本节我们依然不使用连接线完成电路的搭建。

电路连接步骤

取蓝色LED一个，将长引脚与数字口D3相连，短引脚就近接到Mini面包板某列的第一个孔中。

取一个1kΩ的电阻，将其一端接到LED短引脚所在列，另外一端接到GND那排插孔的任意一个。

连接完成的电路如图2.12所示。

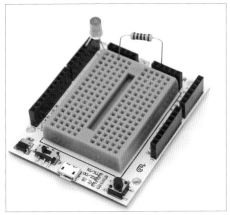

图 2.12　连接完成的电路

程序编写：循环

通过循环执行带有条件判断的语句，我们可以可控地执行某些独立重复操作，本例程序编写过程如下。

1 在"控制"中单击/拖曳"使用i从……到……步长为……执行"模块到编程区。

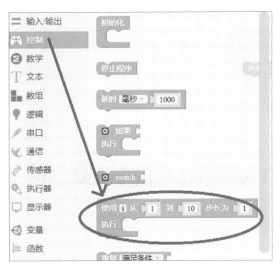

2 PWM输出的有效值范围是0～255，这里我们将模块中的范围用键盘修改为从0到250，将变化的步长设置为5；这样整个循环变量i将从0开始变化，每次增加5，直到大于250停止，共执行250÷5 = 50次。

3 完成后，我们就得到了一个可以执行50次的循环控制模块。

程序编写：模拟输出与延时

Arduino Uno电路并不支持真正的模拟电压输出（内部没有DA功能），而是使用PWM（脉冲宽度调制）来通过控制"能量"供给时间占比来近似实现模拟输出功能。

使用前面所用的"数字输出"编程模块只能实现LED亮灭两种状态的切换，而通过"模拟输出"编程模块，就可以通过PWM来控制输出强弱，实现对LED亮度的控制。Arduino上并不是所有的数字I/O口都支持PWM功能，本书中用到的Arduino Uno兼容平台上具备PWM输出功能的I/O口有D3、D5、D6、D9、D10、D11共6个，这些I/O口都用"～"进行了清晰的标识（见图2.13），我们以D3为例完成本节题目要求的程序。

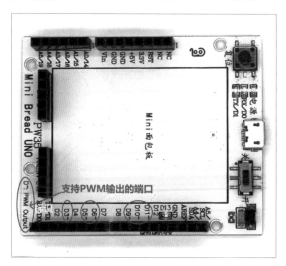

图 2.13　带有 PWM 功能的数字 I/O 口

1 在左侧程序模块组"输入/输出"中单击/拖曳"模拟输出"模块到编程区。

2 将程序模块附着在"执行"当中，并在"管脚"参数下拉数据中选择3（默认）。

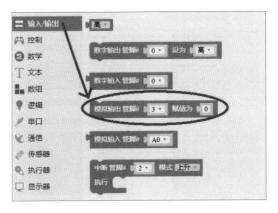

3 在左侧程序模块组"变量"中单击/拖曳系统自动生成的变量名"i"模块到编程区，用"i"替换"模拟输出"中的"赋值为"参数。

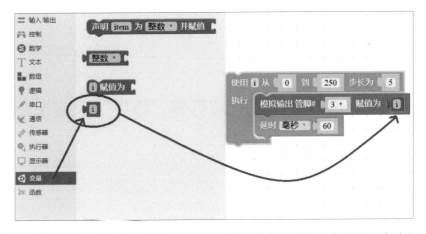

4 计算单次循环时间：本节题目中的要求的完整执行周期为3秒（3000毫秒），通过计算可以得到平均每次的执行周期为3000÷50 = 60毫秒，在"执行"中增加一个"延时"模块并将延时时间设置为60（毫秒）。

5 这样就实现了呼吸灯亮度随着变量i的变化，由暗到亮变化的过程。

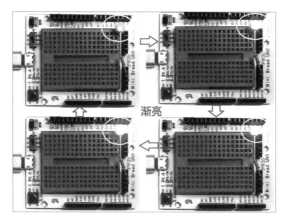

渐亮

注： 演示视频获取地址见附录。

本节只实现了呼吸灯单边从暗到亮的变化，请大家使用Mini面包板，任意选取另一个支持PWM输出的端口，控制蓝色LED，实现由暗到亮再由亮到暗的完整呼吸灯过程，要求以5秒为完整周期循环控制。

2.3 LED随机灯（变量、随机数、数学模块的使用）

题目要求

使用Mini面包板，选取数字I/O口D3 ～ D12中的任意4个，分别控制红色、黄色、绿色、蓝色4个LED，随机点亮其中一个颜色并保持2秒后熄灭，循环执行，点亮顺序不可重复且4种颜色都要有机会被点亮。

进阶要求：通过串口监视器来显示当前点亮的LED的颜色（本节先不讲解，可先自己摸索）。

题目分析

这道题目在器材使用上没有特别困难之处，主要考察基础编程能力，因为所使用到的编程模块不是很常用，在进阶编程任务赛以及中小学单片机比赛进阶比赛中比较常见，属于中等难度的基础类题目。从题目分析，我们可以得到的关键信息如下。

- 直接用到的器材：Arduino平台、Mini面包板、多色LED
- 间接用到的器材：电阻（LED限流）
- 需要用到的编程模块：变量、随机数、控制（数字输出）、数学、延时等

下面我们来一步步完成这个题目，同时介绍一下相关器材和电子电路知识。

相关新器材：无

关于 Arduino 平台、Mini 面包板、LED 与电阻等，请大家参阅前面章节的相关介绍，本节没有使用新的器材。

电路连接——电阻与 LED

为了尽可能少地使用连接线并保持电路整洁有序（在比赛中多拿分），本节我们依然不使用连接线完成电路的搭建。

电路连接步骤

1 取 4 种颜色 LED 各一个，将长引脚与数字口 D6 ~ D9 分别按照蓝、绿、黄、红的颜色顺序相连（插入），短引脚就近接到 Mini 面包板某列的第一个孔中（如下图所示间隔排开）。

2 取 4 个 220Ω 的电阻，将其一端分别接到 4 个 LED 短引脚所在列任意一个插孔，另外一端接到 GND 那排插孔的任意一个，连接完成的电路如下图所示。

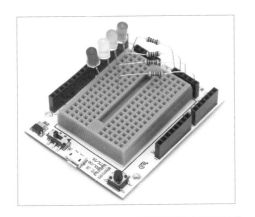

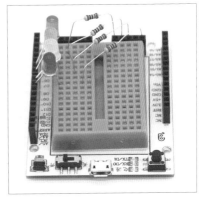

程序编写——初始化变量

掌握变量的使用方法是实现灵活编程的基本能力之一，变量的种类有很多种，最常见的就是本节要使用到的整型变量，我们将在编程区域新建一个变量"yanse"，并用这个变量来点亮特定颜色的LED。参照以下几个步骤完成程序编写。

1 添加一个无实际功能的编程模块"初始化"，这个模块内的程序模块只会在 Arduino 上电或者复位后被执行一次，通常用作初始化系统，那些初始化命令和只需要执行一次的命令通常会被放在初始化模块当中。

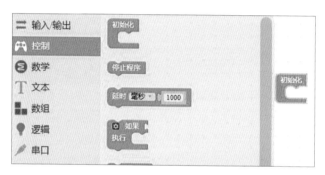

2 在左侧程序模块组"变量"中单击/拖曳"声明"模块到编程区。

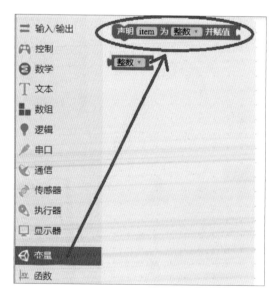

3 在左侧程序模块组"数学"中单击/拖曳"数字（0）"模块到编程区并连接到"声明"模块的最后赋值凹槽中。

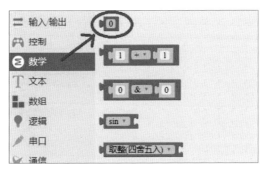

4　将"声明"模块中的变量名用键盘重命名为"yanse"。

随机数的产生与变量赋值

当一个变量在程序区被声明后，在变量模块组中就会自动产生相关变量的编程模块，这样就可以拖曳到程序区对其进行赋值了。

1　在"变量"编程模块组中找到并单击/拖曳"yanse赋值为"模块到编程区。

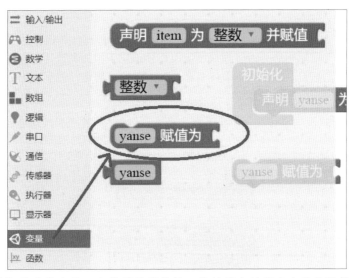

2　"随机数"是数学中的一个常用编程模块，常被用来控制产生某些随机效果。在"数学"编程模块组中找到"随机数"模块，单击/拖曳到编程区并赋值给"yanse"变量。

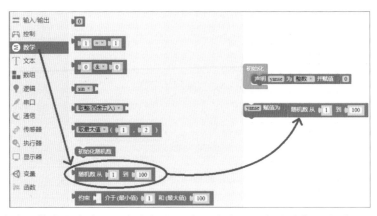

3 随机数编程模块的参数是一个左闭右开的取值范围，也就是较小的数可以取到，较大的数无法取到。本节中我们将用随机数控制数字口 D6 ～ D9 的输出，所以需要将随机数范围设为 6 ～ 10（9+1）。

变量调用与程序验证

"输入/输出"程序组中的很多模块既可以直接通过下拉列表选择参数，也可以通过变量传递进行赋值，本节中我们就将通过变量"yanse"来确定"数字输出"模块所控制的端口号，步骤如下。

1 用"数字输出"和"延时"模块实现点亮一个 LED，保持两秒然后熄灭的过程并加入主程序中。

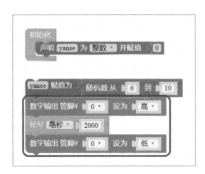

2　在"变量"模块组中找到并单击/拖曳"yanse"取值模块到编程区并覆盖到"数字输出"模块的管脚后的取值槽内，替换原来的下拉选项（共有两处），这样就用一组程序实现了对 4 个 LED 随变量 yanse 的变化而分别控制的过程。

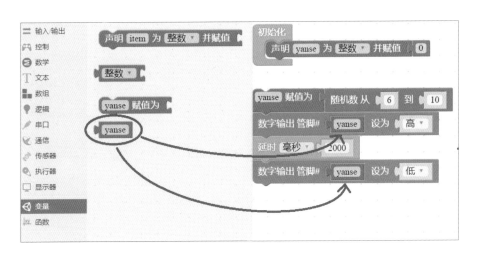

3　连接平台并上传程序，观察不同 LED 被点亮的情况是否达到题目要求，参考状态如下图所示。

注： 演示视频获取地址见附录。

进阶题目

本节题目实现了利用随机数控制不同 LED 亮灭的应用，请结合前面学习的 PWM 输出的功能，使用 Mini 面包板，任意选 3 个支持 PWM 输出的端口，在随机点亮红、绿、蓝 3

种颜色的 LED 时，实现一个渐亮而另外一个渐灭的效果，单次循环周期依然要求为 2 秒，其中渐变过程要求为 1 秒，保持过程为 1 秒，循环执行，点亮顺序不可重复且 3 种颜色都要有机会被点亮。

2.4 LED 按串口输入点亮（串口、条件执行与变量类型转换的综合使用）

题目要求

使用 Mini 面包板，选取数字 I/O 口 D3 ～ D12 中的任意 4 个，分别控制红色、黄色、绿色、蓝色 4 个 LED；通过串口与主控板通信，以字符串方式向主控板输入 1 ～ 4 的任意整数，要求通过 LED 的亮灭来显示所输入的数值。

注：LED 排列顺序为红 – 黄 – 绿 – 蓝，其中红色代表 4，蓝色代表 1。

进阶要求：通过串口监视器来显示当前 LED 被点亮的状态（本节先不讲解，可先自己摸索）。

题目分析

这道题目在器材使用上没有特别困难之处，主要考察基础编程能力、编程与变量类型知识相结合的综合应用能力，因为所使用到的编程模块不是很常用，一般在初高中编程任务赛以及初高中单片机比赛高阶比赛中才会见到，属于中等难度的基础编程类题目。从题目分析，我们可以得到的关键信息如下。

- 直接用到的器材：Arduino 平台、Mini 面包板、多色 LED

- 间接用到的器材：电阻（LED 限流）

- 需要用到的编程模块：串口（输入）通信、条件执行、文本（格式转换）、变量、延时等

下面我们来一步步完成这个题目，同时介绍一下相关器材和电子电路知识。

相关新器材：无

关于 Arduino 平台、Mini 面包板、LED 与电阻等，请大家参阅前面章节的相关介绍，本节没有使用新的器材。

电路连接——电阻与 LED

本节所使用的电路配置与连接关系与上一节完全相同，这里不再重复连接方式，请参阅上一节相关内容。连接完成的电路如图 2.14 所示。

程序编写——初始化串口及变量

串行接口（Serial Interface）是指数据一位一位地顺序传送的接口，本书中使用的 Arduino Uno 兼容平台包含一个硬件串口（D0/D1复用），利用其他接口也可以模拟串口（软串口）。使用串口需要初始化其通信波特率，通常设为9600。

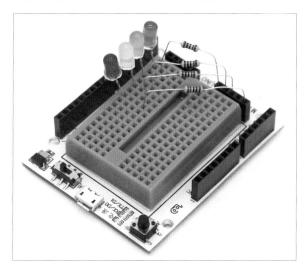

图 2.14　连接完成的电路

1 在左侧 "串口" 程序模块组中单击/拖曳 "Serial波特率" 模块到编程区，添加在 "初始化" 模块中并使用默认波特率9600。

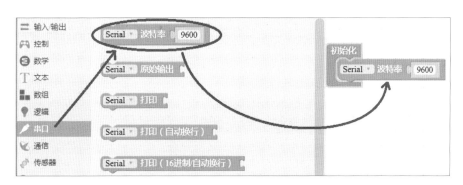

2 在 "初始化" 模块中声明一个整数变量NumIn并初始化赋值为0。

3 在 "初始化" 模块中声明一个字符串变量TextIn并初始化赋值为 "0"。

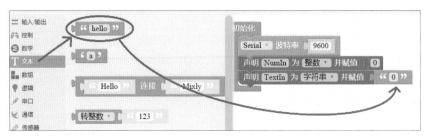

通过串口获取数值

通过串口输入的信息格式可以是文本、十六进制数等，最常用的是文本格式，为了能够获得数值，我们就需要将文本字符串转为整数格式。

1 在主程序中用"控制"模块组中的"如果……执行"模块检查串口是否有数据，如果有则读入"字符串"并赋值给 TextIn。

2 利用"文本"编程模块组中的"转整数"模块，将 TextIn 转为整数并赋值给 NumIn。

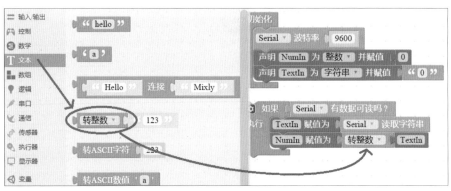

条件执行与程序验证

"条件执行"编程模块比较常用的有两种，一种是上面用到的"如果……执行"模块，还有一种就是"switch"模块，都是判断条件是否满足来执行特定操作，按照本节题目要求，我们使用 switch 按如下步骤完成条件执行过程。

1 在"控制"模块组中找到并单击/拖曳"switch"模块到编程区。

2 点击 switch 模块上的设置（齿轮）图标，在弹出的小对话框中拖曳 4 个判断条件（case）模块到 switch 中。

注： 实际应用中，要根据条件个数选择增加的 case 数量，本项目只有 4 个状态，所以拖曳 4 个。

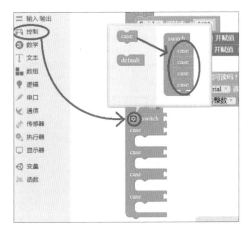

3 在"数学"模块组中找到并单击/拖曳4个"0"取值模块到编程区并赋值给4个case条件。

4 将4个"0"取值模块分别更改为1～4。

5 将变量"NumIn"赋值给switch条件。

6 在NumIn赋值后对数字口D6～D9进行初始化,设为"低"。

7 在4个case执行框内分别加入对数字口D6～D9赋值为"高"的程序。
完成后的参考主程序如下图所示。

8 连接平台并上传程序，单击"串口"打开串口监视器（如下图所示），在串口监视器中分别输入 1 ~ 4 并按"发送"，观察不同 LED 被点亮的情况是否达到题目要求。

注：演示视频获取地址见附录。

进阶题目

本节题目实现了利用串口输入控制不同 LED 亮灭的应用，请结合实际生活进行制作，假如输入的值的范围为 0 ~ 60 代表水的温度，使用 Mini 面包板，选取数字 I/O 口 D3 ~ D12 中的任意 4 个，分别控制红色、黄色、绿色、蓝色 4 个 LED；通过串口与主控板通信，以字符串方式向主控板输入 0 ~ 60 的任意整数，要求：当数值小于 30 时，点亮蓝色 LED（代表水温较低）；当数值为 30 ~ 40 时点亮绿色 LED 灯（代表水温适宜）；当数值为 40 ~ 50 时点亮黄色 LED（代表水温较热）；当数值大于 50 时，点亮红色 LED（代表水温过热）。

2.5 LED 显示二进制数字（数学与数组的综合使用）

题目要求

使用 Mini 面包板，选取数字 I/O 口 D3 ~ D12 中的任意 4 个，分别控制红色、黄色、绿色、蓝色 4 个 LED；通过串口与主控板通信，以字符串方式向主控板输入 0 ~ 15 的任意整数，要求通过 LED 的亮灭，以二进制的格式显示所输入的数值。

注：LED 的排列顺序为红－黄－绿－蓝，其中红色代表最高位，蓝色代表最低位。

进阶要求：通过串口监视器来显示当前 LED 被点亮的状态（本节先不讲解，可先自己摸索）。

题目分析

这道题目是上一节题目的延伸和提高（编程与数学、信息技术学科知识的综合应用方面），所用器材与上一节没有区别，但是除了考察基础编程能力以外，对数学与计算机基本知识（二进制转换）相结合的综合应用能力要求大幅提高，所使用到的编程模块也不是很常用，一般在初高中编程任务赛以及初高中单片机比赛高阶比赛中才会见到，属于中等偏难的基础编程类题目。从题目分析，我们可以得到的关键信息如下。

- 器材：参见上节
- 需要用到的编程模块：串口（输入）通信、数组、数学（多种）等

下面我们来一步步完成这个题目，同时介绍一下相关器材和电子电路知识。

相关器材与电路连接

沿用上节电路器材，请大家参阅上一节的相关介绍。

程序编写——基本初始化及获取命令

本节所需程序的初始化部分与数据获取部分与上一节相同，不同之处在于对数据的处理上，这里将所需步骤再列一下。

1 在左侧"串口"程序模块组中单击/拖曳"Serial波特率"模块到编程区，添加在"初始化"中并使用默认波特率9600。

2 在"初始化"模块中声明一个整数变量NumIn并初始化赋值为0。

3 在"初始化"模块中声明一个字符串变量TextIn并初始化赋值为"0"。

4 在主程序中用"控制"模块组中的"如果……执行"模块检查串口是否有数据，如果有则读入"字符串"并赋值给TextIn。

5 利用"文本"编程模块组中的"转整数"模块，将TextIn转为整数并赋值给NumIn。

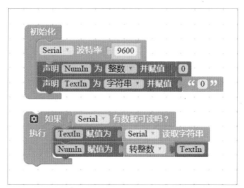

数组与格式转换

所谓数组，就是无序的元素序列，它是为了便于编写代码而采用的一种集合，具体操作包括：定义数组、取数组值、改数组值。

按照本节题目要求，我们要将整数转换为二进制（0、1的组合）来用LED显示，因此需要使用数组来保存这组对应的二进制数，请按如下步骤完成所需的初始化、转换与存储过程。

1 初始化包含4个元素的数组BinOut，并赋值为0。

注：本节共使用了4个LED，能够显示的最大2进制数为1111，所以这里的数组只定义了4个元素。

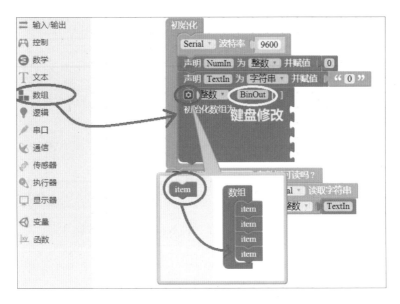

2 在主程序中通过前面学习过的循环操作将 NumIn 转为二进制并赋值给数组 BinOut。

　　注： 这里的数学逻辑可以上网搜索或者请教数学/计算机老师，本书中就不做过多说明了。

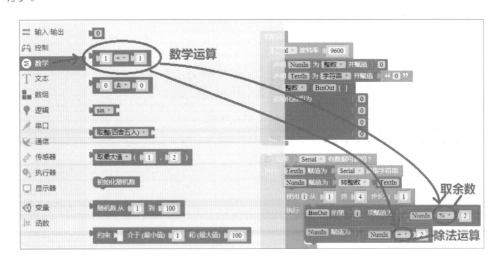

3 使用循环功能，将 4 个 LED 按照数组中所对应的位置的值（0 或 1）进行状态设置。完成后的完整程序如下图所示。

4 连接平台并上传程序，打开串口监视器，在串口中分别输入0～15并按"发送"，观察不同LED被点亮的情况是否达到题目要求。

单击打开串口监视器

注： 演示视频获取地址见附录。

进阶题目

本节题目实现了编程、数学、计算机信息学的综合应用，请进一步使用Mini面包板，选取数字I/O口D3～D12中的任意7个，分别控制7个LED；通过串口与主控板通信，以字符串方式向主控板输入0～127的任意整数，要求通过LED的亮灭以二进制的格式显示所输入的数值。

2.6 本章小结

通过本章的学习，我们对Arduino编程软件的基本编程功能、通信功能、数学运算、逻辑以及数组应用等非特定器件（传感器）相关的编程方法和应用有了了解，并且能够综合应用这些编程方法完成含有运算的Arduino综合应用程序。从下一章开始，我们将使用面包板来学习常见的Arduino分立电子元器件以及传感器电路基础知识和使用、编程方法。

第 **3** 章 常用器材的电路连接与程序编写

章节简介

本章的主要学习目标是掌握创客制作中常用的电子电路器材及其编程方法，内容以电路器材的连接与编程方法为主，结合常见的应用场景，达到掌握方法并能够灵活应用的目标。每个小节以相关器材的电子电路知识展开，结合目标要求完成器材使用方法的讲解，如果读者在小节开始就觉得已经掌握了该节器材的使用方法，则该节后面的内容就可以跳过。

3.1 杜邦线在电路中的使用方法

题目要求

使用Mini面包板，选取数字I/O口D2 ~ D12中的任意6个，每个I/O口分别控制一个LED，制作一个LED流水灯电路，编程循环执行，每个LED点亮的时间要求为0.5秒。

题目分析

这其实是一道在基础类编程任务赛以及中小学单片机比赛中非常常见的题目，属于比较简单的类型。从题目分析，我们可以得到的关键信息如下。

* 直接用到的器材：Arduino平台、Mini面包板、多色LED

* 间接用到的器材：电阻（LED限流）、杜邦线

* 需要用到的编程模块：变量、控制（数字输出）、延时等

下面我们来一步步完成这个题目，同时介绍一下相关器材和电子电路知识。

相关新器材

有了第2章的电路基础，这道题目在器材使用上没有特别困难之处，唯一会遇到的问

题是：器材上集中提供的接地插孔只有 5 个，并且随着 I/O 口的位置不同，距离会越来越远，会遇到接地插孔不够用或者够不着的情况，这样就要用到一个新的常见器材——杜邦线。

注： 关于 Arduino 平台、Mini 面包板、LED 等，请大家参阅前面章节的相关介绍。

杜邦线

杜邦线（见图 3.1）是电子行业用于实验板的引脚扩展、增加实验项目等的连线，可以非常牢靠地连接，无需焊接，可以快速进行电路试验。杜邦线又分为公公头、公母头、双母头等用于不同接口的种类，本书主要使用公公头的杜邦线。大家可以在百度词条中搜索"杜邦线"来了解更为详细的信息。

图 3.1 杜邦线

电路连接——电阻与 LED

为了尽可能少地使用连接线并保持电路整洁有序（在比赛中多拿分），本节我们仅使用一根杜邦线来完成电路的搭建。

取 6 个 LED 各一个，将长引脚与数字口 D4 ~ D9 分别依次相连（插入），短引脚就近接到 Mini 面包板某列的第 1 个或者第 2 个孔中。

取 3 个 220Ω 的电阻，将其一端分别接到前 3 个 LED 短引脚所在列任意插孔，另外一端接到 GND 那排插孔的任意一个。

取 3 个 220Ω 的电阻，将其一端分别接到后 3 个 LED 短引脚所在列任意插孔，另外一端接到面包板另外一半某列的孔里（最远侧的孔保留下来）。

取一根杜邦线，一端接到 GND 那排插孔的任意一个，另外一端接在连接后 3 个 LED

的电路引脚所在列。

我们将连接关系以图 3.2 展示出来。

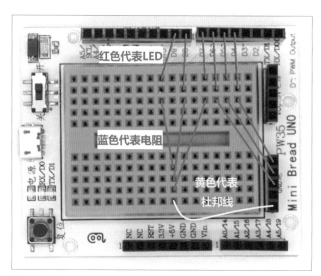

图 3.2　连接关系

连接完成的电路如图 3.3 所示。

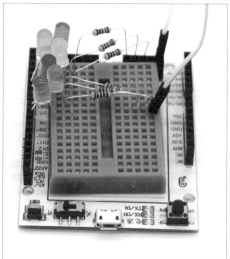

图 3.3　连接完成的电路

图 3.3　连接完成的电路（续）

程序编写——循环控制流水灯

本节无新的编程知识。

1 使用"控制"中的"循环"编程模块、"延时"模块与"输入/输出"中的"数字输出"模块完成本题目的程序编写。完整参考程序如下图所示。

2 连接平台并上传程序，观察 LED 被点亮的情况是否达到题目要求，参考状态如下图所示。

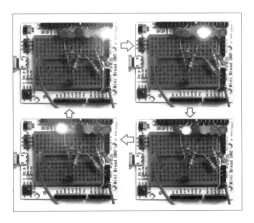

注：演示视频获取地址见附录。

进阶题目

使用Mini面包板，选取数字I/O口D2～D12中的任意8个，每个I/O口分别控制一个LED，利用LED在Mini面包板上围成一个正方形或者圆形跑马场，制作一个LED跑马灯电路（LED顺序循环被点亮），每个LED点亮的时间要求为0.5秒。

3.2 利用三极管放大电流控制小风扇

题目要求

使用Mini面包板，任意选取1个支持PWM输出的数字I/O口，制作一个速度可以控制的小风扇，要求风扇的转速有高、低、停三挡，每挡运行3秒，循环演示。

题目分析

这是一类应用性题目，一般会出现在基础类创客挑战任务赛或者创客马拉松类题库当中，属于创客（动手）挑战类比赛中比较简单的题目。从题目分析，我们可以得到的关键信息如下。

- 直接需要用到的器材：Arduino平台、Mini面包板、小风扇
- 间接需要用到的器材：电阻（限流）、三极管（放大）、杜邦线
- 需要用到的编程模块：控制（模拟输出）、延时等

下面我们来一步步完成这个题目，同时介绍一下相关器材和电子电路知识。

相关新器材：三极管与小风扇

小风扇、电机等对于Arduino的I/O口来说，都属于大电流器件，无法直接驱动，本节我们将介绍如何用最简单的三极管放大电路来控制一些大电流器件，如直流小风扇（见图3.4）。

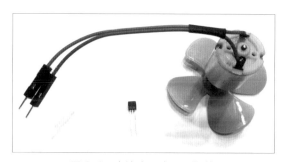

图 3.4 直流小风扇和三极管

注： 专用的电路驱动模块一般会有更好的电路保护措施，不过编程方式是大同小异的。

三极管：S9013

S9013是一种NPN型小功率三极管（见图3.5）。三极管是半导体基本元器件之一，具有电流放大作用，也是电子电路的核心元器件。

图 3.5　S9013 三极管

NPN型三极管的封装对应关系及电路原理如图3.6所示：在我们的电路中，将控制数字I/O口接到基极（B），将集电极（C）接到电源（5V），将发射极（E）接到小风扇的正极，小风扇的负极接到地（GND）。

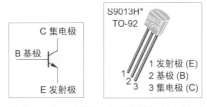

图 3.6　NPN 型三极管的封装对应关系

小风扇：3 ～ 6V直流小风扇（高速、低启动电流型）

一般的直流小风扇（电机）都标有正负极，不过如果小风扇正负极接反了也会转，只是反转而已，本节题目中用的小风扇引脚进行了插针引出（见图3.7）。

图 3.7　引出插针的直流小风扇

电路连接：电阻与 LED

为了尽可能少地使用连接线并保持电路整洁有序（在比赛中多拿分），本节我们不使用杜邦线来完成电路的搭建。

电路连接步骤

在面包板上安装三极管 S9013。

（1）将集电极（C）接到电源（5V）的一个孔里。

（2）将发射极（E）就近接到面包板一列孔的一个中。

（3）将基极（B）就近接到面包板另一列孔的一个中。

在面包板上安装小风扇。

（1）将小风扇的正极接到面包板上 S9013 的发射极（E）所在的列。

（2）将小风扇的负极接到地（GND）的任意一个孔里。

注：小风扇用热熔胶枪临时固定在了土板的插座上。

连接控制信号：我们将使用支持 PWM 输出的 I/O 口 D3 来控制。

将一个 220Ω 的电阻，一端插入数字口 D3，另一端插入 S9013 的基极（B）所在的面包板列的任一插孔中。

我们将连接关系以图 3.8 展示出来。

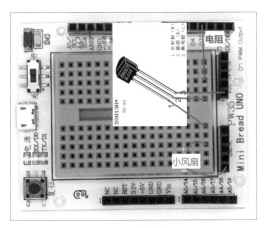

图 3.8　连接关系

连接完成的电路如图 3.9 所示。

图 3.9　连接完成的电路

程序编写：PWM 输出控制风扇转速

本节无新的编程知识。

1 使用"控制"中的"延时"模块与"输入/输出"中的"模拟输出"模块完成本题目的程序编写。其中高速的 PWM 值设为 250，低速的 PWM 值设为 125，停止的 PWM 值设为 0。完整参考程序如下图所示。

2 连接平台并上传程序，观察小风扇旋转的情况是否达到题目要求。

注： 演示视频获取地址见附录。

进阶题目

大家会发现这一节的程序非常简单。是的，从第 3 章开始，我们要逐步开始"创作"旅程，而不仅仅是学会编程了。本节完成的演示作品是不是可以直接作为一个桌面小风扇使用呢？

请使用 Mini 面包板，选取数字 I/O 口 D2 ~ D12 中的任意 4 个，其中 3 个 I/O 口分别控制一个 LED，用来代表停止、低速、高速，剩下的一个用来控制风扇的转速，并利用手边的器材（如乐高积木、冰棍棒、热熔胶枪等）制作一个带转速状态显示功能的桌面小风扇。

注： 转速可以通过串口监视器来进行手动控制。

3.3 用超声波测距传感器制作倒车雷达

题目要求

使用 Mini 面包板，利用超声波测距传感器对物体（手掌）距离进行探测，并通过 4 个不同颜色的 LED 近似显示距离范围：要求探测距离为 5 ~ 30 厘米，制作一个简易测距装置，当距离大于 20 厘米时，所有 LED 熄灭；当距离小于 20 厘米后，随着距离的缩小，依次点亮蓝色、绿色、黄色、红色 4 种颜色的 LED，远离时则依次熄灭。

题目分析

这是一个中等难度的应用性题目，超声波测距传感器在创客挑战任务赛或者创客马拉松当中经常会被用到，利用这个传感器制作的作品应用范围很广，属于创客（动手）挑战类比赛中等难度的题目。从题目分析，我们可以得到的关键信息如下。

- 直接需要用到的器材：Arduino 平台、Mini 面包板、超声波测距传感器

- 间接需要用到的器材：杜邦线（公母头）、LED、电阻等

- 需要用到的编程模块：函数（新）等

下面我们来一步步完成这个题目，同时介绍一下相关器材和电子电路知识。

相关新器材：超声波测距传感器

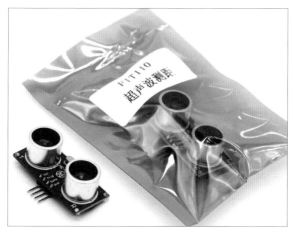

图 3.10　超声波测距传感器

从超声波测距传感器（见图 3.10）获取距离信息需要采用一些算法，不过很多软件，包括 Mixly 在内都有集成好的程序模块，可以方便地直接获取距离信息，这里我们简单地做一个原理介绍。

超声波测距传感器的工作原理

超声波测距传感器利用发出和收到超声波的时间间隔来进行测距（见图 3.11）。

$$距离 = \frac{340 \text{米/秒（声音的速度）} \times 时间间隔}{2}$$

注：340 米/秒，是声音在 15℃的空气中的传播速度。

大家也可以上网搜索或者从如下链接下载更详细的介绍。

链接: https://pan.baidu.com/s/1c2F0VJi　密码: kikj

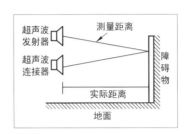

图 3.11　超声波测距原理示意图

电路连接：LED 与超声波测距传感器

LED的连接，请参照2.3节的连接方式完成，在这个电路的基础上，我们来进一步完成超声波测距传感器的连接。

电路连接步骤

1 取4根公母头的杜邦线，并排连接超声波测距传感器上的4根插针。

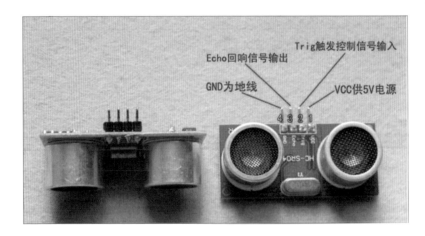

2 将与超声波测距传感器的 Trig 与 Echo 引脚连接的杜邦线分别接到编程平台的模拟口 A0 与 A1 上。

3 将与超声波测距传感器的 VCC 与 GND 引脚连接的杜邦线分别接到5V和GND孔。

我们将连接关系以图3.12展示出来。

图 3.12　连接关系

连接完成的电路如图3.13所示（为了更直观演示，我们将超声波测距传感器安装在一个小车尾部，模拟倒车雷达指示应用）。

图 3.13　连接完成的电路

程序编写：超声波测距传感器与条件判断

本节我们将使用对一个变量进行多次条件判断的模块（如果……执行……）来完成逻辑控制。

1 初始化一个变量Dis来记录距离（精确到整数）。

2 在主程序中使用"传感器"中的"超声波测距"模块对变量Dis进行赋值。

　　注： 这里一定要正确地设定Trig和Echo信号所对应的管脚。

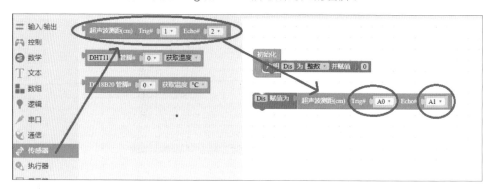

3 对4个LED进行熄灭初始化后，不断对变量Dis的数值大小进行判断，从而实现阶梯点亮的操作。完整参考主程序如下图所示。

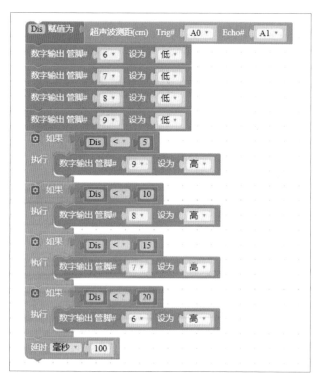

连接平台并上传程序，观察LED的亮灭情况是否达到题目要求。

注： 演示视频获取地址见附录。

进阶题目

本节完成的演示作品可以直接作为一个类似倒车雷达的应用，请结合实际生活，使用Mini面包板，任意选取若干数字I/O口以及LED，并利用手边的器材（如乐高积木、冰棍棒、热熔胶枪等）制作一个能够自动测量长度并通过LED来显示出长度的无形尺子，看看谁的尺子最准确！

注： 被测物体的长度范围为3 ~ 30厘米。

提示： 同样数量的LED可以用不同"量程"来扩大测量范围。

3.4 用按钮开关实现数码管计数、学习"数学"

题目要求

使用Mini面包板，利用双位数码管实现数字的显示与更新，并通过一个按钮开关实现数码管显示数字的递增：要求按钮开关每按下一次，数码管所显示的数字增加1。

题目分析

这是一个入门阶段难度较大的应用性题目，由于接线比较复杂，这类题目通常出现在创客编程任务赛或者单片机（电路）比赛中，在创客（作品）挑战类比赛中不多见（作品中通常使用带总线、模块化的数码管）。从题目分析，我们可以得到的关键信息如下。

- 直接用到的器材：Arduino平台、Mini面包板、按钮开关及双位数码管
- 间接用到的器材：杜邦线、USB数据线
- 需要用到的编程模块：函数、数学、变量等

下面我们来一步步完成这个题目，同时介绍一下相关器材和电子电路知识。

相关新器材：按钮开关与双位数码管

按钮开关和数码管都是比较常见的电路元器件，这里我们简单地做一下原理介绍。

按钮开关

按钮开关（英文名称为push-button switch，见图3.14）是一种不分极性的双脚通断传感器，有长通型和长断型，本节我们使用的是长断型，按下时两引脚导通，弹起时断开。

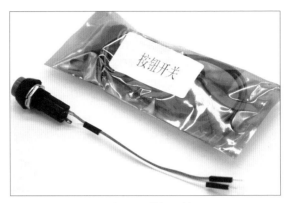

图 3.14　按钮开关

数码管

数码管是一种半导体发光器件，其基本单元是 LED。数码管按段数可分为 7 段数码管和 8 段数码管，8 段数码管比 7 段数码管多一个 LED 单元，也就是多一个小数点（DP）。这个小数点可以更精确地表示数码管想要显示的内容。按能显示多少个"8"，数码管可分为 1 位、2 位、3 位、多位等种类。

本案例使用的是 0.28 英寸红色双位共阳极数码管（见图 3.15），型号为 2281BH，大小为 15.02mm × 10mm × 6.1mm。

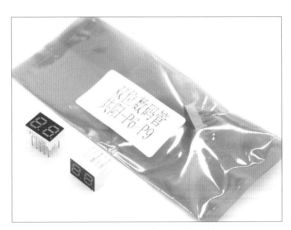

图 3.15　双位共阳极数码管

数码管的引脚排布

将数码管正对着自己（小数点在下），引脚编号从左下逆时针依次为引脚 1 到 10，其中引脚9为高位共阳极引脚，引脚6为低位共阳极引脚（见图3.16）。

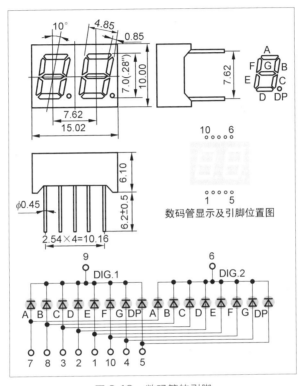

图 3.16　数码管的引脚

共阳极引脚6和9相当于数码管的使能引脚，当它们为高电平时，相应位的数码管段位A～G以及小数点才能被点亮。

电路连接：双位数码管

Arduino平台与双位数码管的连接关系如下。

将双位数码管跨中间槽插到Mini面包板上。

使用两个限流电阻（本例使用220Ω）分别将数码管的共阳极引脚6和9接到编程平台的数字口D6和D9，如图3.17所示。

使用7根杜邦线，按照如图3.18所示顺序将数码管的7个LED段与编程平台的数字口连接起来（小数点–DP也可以连接上，不过本节暂时不用）。

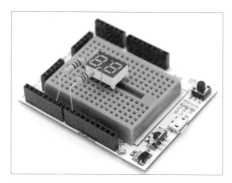

图 3.17　数码管和电阻的连接方法

编程平台	电阻	数码管段位	数码管引脚
D11	NA	E	1
D2	NA	D	2
D3	NA	C	3
D4	NA	G	4
D5	NA	点－DP	5
D6	跨接	低位使能	6
D7	NA	A	7
D8	NA	B	8
D9	跨接	高位使能	9
D10	NA	F	10

图 3.18　杜邦线连接顺序

我们将连接关系以图 3.19 展示出来。

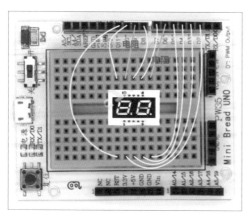

图 3.19　连接关系

连接完成的电路如图 3.20 所示。

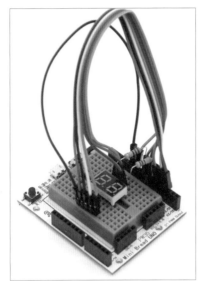

图 3.20　连接完成的电路

程序编写：双位数码管测试程序

双位数码管的码段位是两个数码位所共享的，以本案例所使用的双位共阳极数码管为例：8 个 LED（段）的阳极全部连在一起，所以称为"共阳极"，而它们的阴极却是独立的，实际编程时把阳极接高电平，当我们给数码管的任意一个阴极加一个低电平时，对应的这个LED就亮了。

因为数码管连接引脚非常多（10个），为了能够验证电路连接的正确性与可靠性（是否所有码段都能被点亮），我们有必要编写一个测试程序。先根据数码管工作原理编写两个数码管初始化函数（SMGInit），使用静态显示测试所有码段位，实现如下功能。

1. 初始化各码段

（1）定义变量EH并赋值9，定义变量EL并赋值6，分别代表数码管高低位的使能。

（2）定义变量DA ~ DG并依据连接关系进行赋值。

2. 编写高位数码管初始化函数SMGInitH

（1）使能EH（设为高），禁止EL（设为低），将DA ~ DP设为高（全灭）。

（2）顺序点亮DA ~ DP（顺序置低，间隔250ms）。

3. 编写低位数码管初始化函数SMGInitL

（1）使能EL（设为高），禁止EH（设为低），将DA ~ DP设为高（全灭）。

（2）顺序点亮DA ~ DP（顺序置低，间隔250ms）。

参考图3.21（数码管LED发光段位定义），循环运行两个数码管初始化函数。完整程序见图3.22。

这样我们就用子函数的方式完成了对数码管所有显示码段的功能和连接性的测试，执行效果如图3.23所示。

注：演示视频获取地址见附录。

图 3.21 数码管 LED 发光段位定义

电路连接：按钮开关

完成数码管的连接与测试后，我们在平台上接入按钮开关。

（1）将电阻（本例使用1kΩ的）的一端接在5V上，另一端接在面包板上。

（2）将按钮开关一端接在GND上，另一端接在电阻所在面包板列上。

（3）将一根杜邦线，一端接编程平台模拟口A0，另外一端接在电阻所在面包板列上。

这样我们就完成了整个按钮计数电路的连接，完成后如图3.24所示。

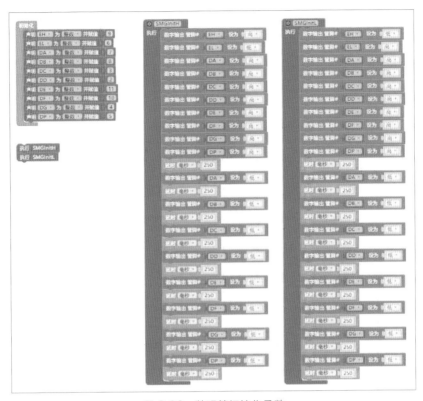

图 3.22 数码管初始化函数

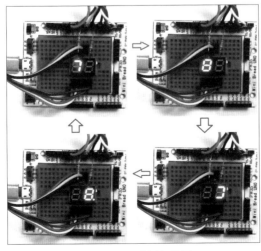

图 3.23 程序运行效果

图 3.24　连接完成的电路

程序编写：编写完整程序

由于数码管是码段位共享的，如果我们使用静态显示方式，那么只能让其中一个数码管显示数字，或者让两个数码管显示同样的数字。为了能够让数码管的双位显示不同的数字，我们要使用动态显示方式。动态显示又称为扫描式显示，通过改变位选信号，先显示第一位，再延时极短的时间（一般为1ms），接着显示第二位，再延时，循环重复以上两步，由于人眼有视觉暂留现象，看上去就是两位在同时显示不同的数字。

我们将继续使用子函数来实现数码管计数和显示功能。

1 在测试程序的基础上，增加变量Counter并赋值为0，用来记录数码管要显示的数值；增加变量ButtonStatus，用来记录按钮上一个状态。

2 编写子函数CountPlus用来判断按钮是否被按下，以改变数码管的值。

3 将测试程序中的子函数改为带参数的子函数SMGInitH（h）和SMGInitL（l），根据变量Counter值来分别显示高位、低位（使用switch编程模块），函数类型的更改方法如下。

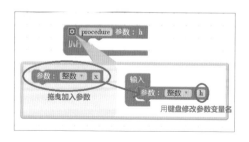

4 主程序循环运行函数CountPlus、SMGInitH（h）和SMGInitL（l）。

5 初始化、主函数、子函数及显示函数参考程序如下。

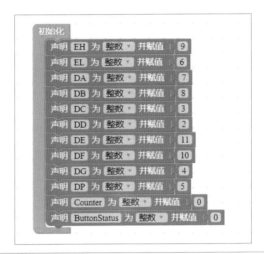

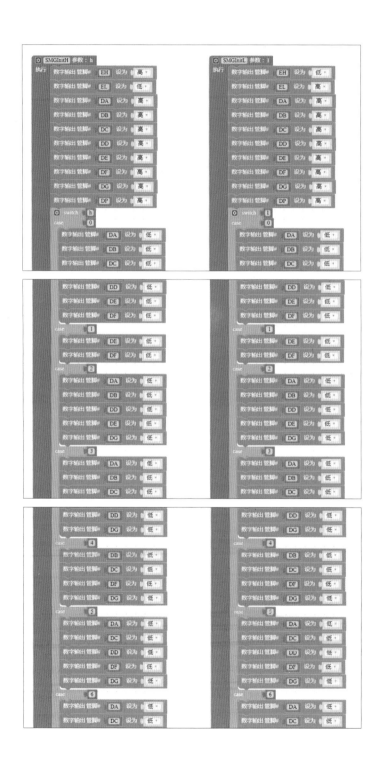

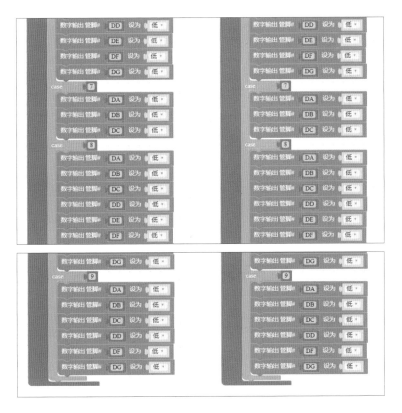

完成程序上载后，运行效果如图3.25所示。

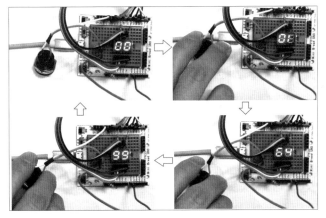

图 3.25　程序运行效果

注1：演示视频获取地址见附录。

注2：大家也可以在百度网盘下载参考程序，地址见附录。

进阶题目

本节完成的演示作品可以直接作为一个清点或者统计人数的小应用，请结合第1章所学的"随机数"与"串口输入"的内容，使用Mini面包板，利用双位数码管实现数字的显示与更新，并通过一个按钮开关实现如下数学速算竞赛应用。

（1）按按钮开关，数码管随机开始显示两个1～50的整数。

（2）数字顺序显示，每个数字的显示时间为3秒，显示结束后归零。

（3）参赛选手需要通过串口输入两个数字的和（或者差）。

（4）如果答对，所输入的结果在数码管上闪烁显示（周期为1秒）；如果答错，则闪烁3次后归零（等待重新输入）。

3.5　火焰检测与声音报警：循环的灵活应用

题目要求

使用Mini面包板，利用红外（火焰）传感器、红色LED和无源小扬声器，制作一个简单的火警报警装置：要求当传感器发现火源时，无源小扬声器发出救火车警报的声音，同时LED闪烁报警。

题目分析

这是一个入门阶段难度较大的应用性题目，由于使用红外（火焰）传感器需要了解比较复杂的电路知识，同时电路会因元器件个体的差异以及电路本身所用元器件参数的不同而造成的读取数据的差异，在程序编写时就需要具有一定的（参数）调试手段，而模拟火警的声音又涉及了更多编程之外的知识，这些都增加了题目的难度。这类题目通常出现在创客编程任务赛或者单片机（电路）比赛中，在创客（作品）挑战类比赛中不多见。从题目分析，我们可以得到的关键信息如下。

- 直接用到的器材：Arduino平台、Mini面包板、红外传感器及无源小扬声器。

- 间接用到的器材：杜邦线、电阻等

- 需要用到的编程模块：函数、循环、变量等

下面我们来一步步完成这个题目，同时介绍一下相关器材和电子电路知识。

相关新器材：红外（火焰）传感器与无源小扬声器

红外传感器和小扬声器都是比较常见的电子元器件，这里我们简单地做一下原理介绍。

红外（火焰）传感器

红外（火焰）传感器（红外二极管，见图3.26）一般被用来搜寻火源，它也可以用来检测光线的亮度，只是这类传感器对火焰特别灵敏。本例中使用的火焰（红外）传感器对940nm波段的红外线最为灵敏。同样，我们将长引脚定义为正极，但是在使用中我们用的是反向偏置，所以要将长引脚接地。

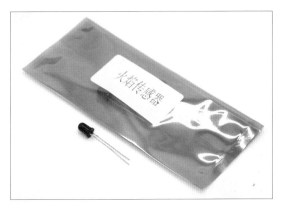

图 3.26 红外（火焰）传感器

备注： 图3.27所示电路中的电阻值需要根据红外传感器型号以及所使用环境的情况进行调整，范围为10kΩ ～ 2mΩ，一般阻值越大，灵敏度越高。

红外（火焰）传感器常用于火源探测、红外探测。它对火焰较为敏感，对普通光线也有反应。红外（火焰）传感器不如热敏电阻耐高温，实验时打火机的距离请保持在5cm以上。要做精确探测，需要结合运算放大器使用（见图3.27）。红外（火焰）传感器的电器特性是将外界红外光线的强弱变化转化为电流的变化，无红外光时通过电流很小（等效为高阻），随着光线或者红外线的增强，通过电流不断增大（直到相当于短路）。通过分压电路，利用模拟输入引脚测量红外（火焰）传感器的偏置电压，对模拟输入值进行判断，当分压值小于一定阈值时，则判定为检测到火焰。

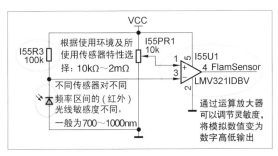

图 3.27 红外（火焰）传感器应用电路

小扬声器

小扬声器俗称小喇叭（见图3.28），一般分无源和有源（带功放）两种，Arduino本身可以驱动小功率的无源小扬声器，对于功率大一些的，则需要使用放大电路，而有源扬声器均可驱动。本节应用中，当检测到火焰时，需要用小扬声器模拟播放救火车的声音。

音调与频率的关系如图3.29所示，可以用一个脉冲方波驱动蜂鸣器或者小扬声器产生相应的音调。在本例中，由于极火车警笛的声音频率是连续的，所以我们将声音设定为从频率523Hz（DO）至784Hz（SO）连续变化来模拟火警的声音。

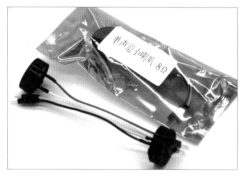

图 3.28　小扬声器

音调	低（Hz）	中（Hz）	高（Hz）
DO	262	523	1046
RE	294	587	1175
MI	330	659	1318
FA	349	698	1397
SO	392	784	1568
LA	440	880	1760
SI	494	988	1967

图 3.29　音调与频率的关系

电路连接：红外（火焰）传感器

Arduino平台与红外传感器的连接如下。

使用带Mini面包板的扩展板。

红外传感器：为了让整个系统对红外光更为敏感，这里使用了一个1MΩ的电阻与红外传感器串接，其中电阻一端接在5V上，红外传感器的长引脚接在GND上。将红外传感器短引脚用杜邦线与模拟口A0相连接。

红色报警LED：使用一个220Ω电阻与红色LED串接，接到数字口D6（支持PWM输出），注意LED的正极与D6端口相连，电阻另一端接GND。

音频信号播放：将一个小扬声器正极接到数字端口D3（直接驱动），负极接到GND。

我们将连接关系以图3.30展示出来。

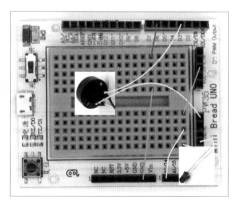

图 3.30　连接关系

连接完成的电路如图3.31所示。

图 3.31　连接完成的电路

程序编写：检测与报警

我们将使用循环来实现LED报警和声音报警功能。

1 使用用逻辑中的"如果"＋"否则"模块来实现报警判断，"否则"的添加方法如下图所示。

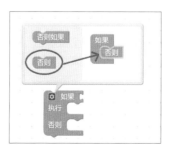

2 将判断条件设为当模拟输入管脚 A0 的值小于 500 时，执行如下操作。

（1）驱动小扬声器播放频率为 i 的音频。

（2）映射驱动模拟输出管脚的值根据 i 的变化在 0 ～ 255 范围内变化（从弱到强再从强到弱）。

完整程序参见下图。

这样我们就完成了利用红外（火焰）传感器报警的小应用。

注1： 演示视频获取地址见附录。

注2： 大家也可以在百度网盘下载参考程序，地址见附录。

进阶题目

本节完成的演示作品可以直接作为一个安全类的小应用，请结合前面章节学习的"利用三极管放大电流控制小风扇"的内容，使用 Mini 面包板、红外（火焰）传感器、小风扇、小扬声器等制作一个发现火源（蜡烛）并启动风扇灭火的应用。

（1）红外（火焰）传感器发现火源。

（2）启动小扬声器报警。

（3）启动小风扇吹灭蜡烛。

3.6 使用旋钮电位器控制舵机角度、数据映射

题目要求

使用 Mini 面包板，利用旋钮电位器来控制一个舵机：要求当旋钮电位器从一端旋转到另外一端时，舵机的舵盘从一端相应地经过 180°旋转到另外一端，反之亦然。

题目分析

这是一个入门阶段中等难度的应用性题目，电位器和舵机都是非常常见和经常被使用的电路元器件。这类题目在创客编程任务赛、单片机（电路）比赛和创客（作品）挑战类比赛中经常出现。从题目分析，我们可以得到的关键信息如下。

- 直接用到的器材：Arduino 平台、Mini 面包板、舵机及旋钮电位器

- 间接用到的器材：杜邦线等

- 需要用到的编程模块：数学映射等

下面我们来一步步完成这个题目，同时介绍一下相关器材和电子电路知识。

相关新器材：旋钮电位器与舵机

旋钮电位器和舵机都是比较常见的电子元器件，这里我们简单地介绍一下原理。

旋钮电位器

旋钮电位器（见图 3.32）是具有 3 个引出端、阻值可由长柄的旋转来规律调节的电阻元件，为了方便插接面包板，旋钮电位器的 3 个引脚已经通过引线引了出来（见图 3.33），我们使用的是总阻值为 10kΩ 的旋钮电位器，中间引脚为滑动端（阻值变化端）。

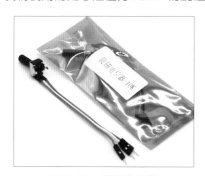

图 3.32 旋钮电位器

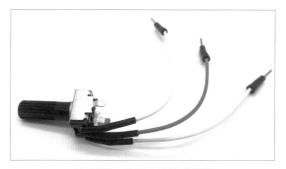

图 3.33 旋钮电位器的引脚

将旋钮电位器两端分别接在 GND 和 5V，中间引脚接在 Arduino 的模拟输入口。当电位器旋转时，中间引脚的电压会在 0 ～ 5V 连续变化，通过模拟输入口的读数，可以得到

0 ~ 1023的数字（Arduino模拟输入口从电压到数值的映射）。

舵机

舵机（见图3.34）是一种位置（角度）伺服的驱动器，适用于那些需要角度不断变化并可以保持的控制系统。舵机3根引线的信号定义为：红 - 正，棕 - 负，橙 - 信号。

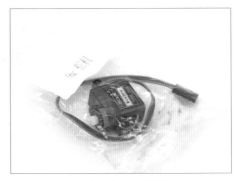

图 3.34   9g 舵机

详细介绍可在网上搜索"9g舵机"。

Mixly中已经对舵机的控制进行了模块化处理，用户只需要给定舵机所连接的端口号和要设置的角度就可以完成控制。

在本节应用案例中，利用模拟输入管脚，通过读取旋钮电位器所处角度（位置）的电压值，我们就可以判断出旋钮电位器所旋转的角度（位置），利用这个信息，我们就可以通过"映射"模块控制舵机旋转到某一个特定的角度（位置）。我们要编写的程序执行过程如下。

（1）读取旋钮电位器电压值（返回值范围为0 ~ 1023）。

（2）对返回值进行数学映射，映射到0 ~ 180。

（3）根据映射值，设定舵机所处的角度（位置）。

注： 舵机角度的变化范围是0° ~ 180°，我们通过线性映射关系：

$$角度 = 模拟输入读数 \times 180/1024$$

就可以最终将旋钮电位器的旋转角度转换为舵机的旋转角度。

电路连接：旋钮电位器和舵机

Arduino平台与模块的连接关系如下。

（1）将旋钮电位器两边的引脚分别接到5V和GND。

（2）将旋钮电位器中间引脚接到模拟口A1。

（3）根据舵机信号定义，将电源地引脚分别用杜邦线连接到5V和GND。

（4）将舵机的信号线接到数字口D7。

（5）给舵机加上小舵盘，方便查看角度变化。

我们将连接关系以图3.35展示出来。

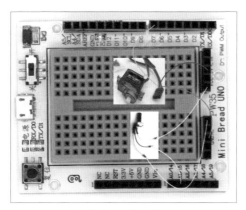

图 3.35　连接关系

连接完成的电路如图 3.36 所示。

图 3.36　连接完成的电路

程序编写：完整实现程序

我们将使用变量来完成从旋钮电位器旋转角度到舵机旋转角度的映射过程。

（1）声明两个变量AinValue、SoutValue，并分别赋值0和90。

（2）主程序将模拟输入管脚"A1"的值赋予AinValue。

（3）使用"数学"程序组下的"映射"模块将AinValue的值从0～1023映射到0～180，并赋值给SoutValue。

（4）设置舵机的所在角度为SoutValue。

参考程序如图3.37所示。

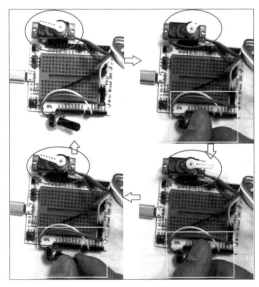

图 3.37　参考程序

这样我们就完成了使用旋钮电位器控制舵机的小应用，运行效果如图3.38所示。

图 3.38　程序运行效果

注1: 演示视频获取地址见附录。

注2: 大家也可以在百度网盘下载参考程序,地址见附录。

进阶题目

本节完成的演示作品使用的两个配件一般不会这么配合使用,请结合前面章节学习的"用按钮开关实现数码管计数"的内容,使用Mini面包板、按钮开关、双位数码管、舵机配合简易结构制作如下数学速算竞赛应用。

(1)按下按钮开关,数码管开始随机显示两个1~99的整数。

(2)数字顺序显示,每个数字显示时间为3秒,显示结束后归零。

(3)参赛选手需要通过串口输入两个数字的和(或者差、积、商等)。

(4)如果答对,舵机的舵盘从中心指向正确一边;如果答错,则指向错误一边。

3.7 使用光敏电阻控制LED亮度、数据映射

题目要求

使用Mini面包板,利用模拟输入传感元器件"光敏电阻"来控制LED的亮度:要求当光线由强变弱时,LED的亮度从暗变亮;当光线由弱变强时,LED的亮度从亮变暗。

题目分析

与上一节红外(火焰)传感器应用类似,这是一个入门阶段中等难度的应用性题目,光敏电阻(光强传感器)和LED都是非常常见和经常被使用的电路元器件。这类题目在创客编程任务赛、单片机(电路)比赛和创客(作品)挑战类比赛中经常出现。从题目分析,我们可以得到的关键信息如下。

- 直接用到的器材:Arduino平台、Mini面包板、光敏电阻及LED
- 间接用到的器材:杜邦线等
- 需要用到的编程模块:模拟输入、数学映射等

下面我们来一步步完成这个题目,同时介绍一下相关器材和电子电路知识。

相关新器材:光敏电阻

光敏电阻(见图3.39)没有极性,是利用半导体的光电效应制成的一种电阻值随入射光的强弱而改变的电阻;入射光增强,电阻减小;入射光减弱,电阻增大。

将光敏电阻与另外一个电阻组成分压电路(见图3.40),利用模拟输入管脚读取光敏电阻在不同光线强度下的分压值,我们就可以判断出光线的明暗变化。

图 3.39　光敏电阻

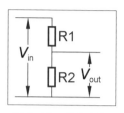

图 3.40　分压电路

输入电压 V_{in}（这里也就是5V）连在两个电阻上，只测量通过光敏电阻 R2 的电压 V_{out}，其电压将小于输入电压 V_{in}。计算 R2 两端的 V_{out} 电压公式是：

$$V_{out} = \frac{R_2}{R_1+R_2} \times V_{in}$$

在本节应用案例中，R1 是 10kΩ 电阻，R2 是光敏电阻。本来 R2 在黑暗中，电阻值很大，所以 V_{out} 也就很大，接近5V。一旦有光线照射的话，R2 的阻值就会迅速减小，所以 V_{out} 也就随之减小了，读取到的电压值就小。

利用这个信息，我们就可以通过"映射"模块，利用 PWM 输出控制 LED 的亮度。其程序执行过程如下。

（1）读取光敏电阻分压值（返回值范围为 0 ~ 1023）。

（2）对返回值进行分段映射，每段都映射到 0 ~ 255。

（3）根据映射值，设定 LED 的输出强度（PWM）。

PWM 工作原理

图 3.41 显示了 PWM（脉冲宽度调制）的理论基础，在 Arduino 中，脉冲宽度的可变范围为 0 ~ 255。

电路连接：光敏电阻（光强传感器）与 LED

Arduino 平台与元器件的连接关系如下。

（1）将光敏电阻一端通过一个 10kΩ 电阻与 5V 连接，另一端与 GND 连接。

（2）将光敏电阻与 10kΩ 电阻公共端接到模拟输入口 A0。

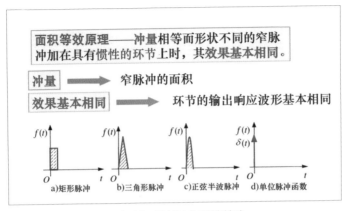

图 3.41　PWM 的理论基础

（3）将 LED 正极通过一个 220Ω 的电阻与支持 PWM 的数字口 D11 连接，负极和 GND 连接。

我们将连接关系以图 3.42 展示出来。

图 3.42　连接关系

连接完成的电路如图 3.43 所示。

程序编写：完整实现程序

我们将使用变量来完成从测量亮度到控制 LED 亮度的反向映射过程（环境光线越强，LED 亮度越暗）。

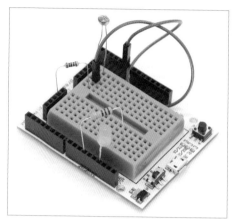

图 3.43　连接完成的电路

（1）声明两个变量 AinValue、SoutValue 并赋值 0。

（2）主程序将模拟输入管脚 A0 的值赋予 AinValue。

（3）单击"逻辑"中的"如果……执行"，并使用设置功能加入"否则如果"和"否则"两个判别条件。

（4）设置 AinValue 小于 100（室内明亮）时 LED 完全熄灭（PWM 值为 0）。

（5）设置 AinValue 在大于 600（室内昏暗）时，LED 完全点亮（PWM 值为 255）。

（6）设置 AinValue 在 100 ~ 600 时，使用"数学"程序组下的"映射"模块将 AinValue 的值从 100 ~ 600 映射到 0 ~ 255，并赋值给 SoutValue；同时设置 LED 的 PWM 值输出为 SoutValue。

参考程序如图3.44所示。

声明 AinValue 为 整数 并赋值 0
声明 SoutValue 为 整数 并赋值 0
AinValue 赋值为 模拟输入 管脚# A0
如果 AinValue < 100
执行 模拟输出 管脚# 11 赋值为 0
否则如果 AinValue > 600
执行 模拟输出 管脚# 11 赋值为 255
否则 SoutValue 赋值为 映射 AinValue 从 [100 , 600] 到 [0 , 255]
模拟输出 管脚# 11 赋值为 SoutValue
延时 毫秒 100

图 3.44　参考程序

这样我们就完成了使用光敏电阻（光强传感器）控制LED亮度的小应用，运行效果如图3.45所示。

图 3.45　程序运行效果

注1： 演示视频获取地址见附录。

注2： 大家也可以在百度网盘下载参考程序，地址见附录。

进阶题目

本节完成的演示应用在中小学创客制作课程中非常常见，不过在实际生活中不太常用。请结合前面章节学习的"用按钮开关实现数码管计数"以及"火焰检测与声音报警"的内容，使用光敏电阻、数码管及小扬声器，实现如下应用。

（1）用数码管模拟显示光线强度，范围设定为0 ~ 99。

（2）当光线过弱或者过强时，利用小扬声器播放一段音乐提示调整光线亮度（如开关灯）。

3.8 使用LM35和RGB全彩LED指示温度、数学计算及带返回值的函数

题目要求

使用Mini面包板，利用模拟输入传感器件"LM35温度传感器"来控制RGB全彩LED的颜色，要求用不同颜色来模拟显示水温是否适合洗澡。

（1）当水温小于35℃时，认为过凉，RGB全彩LED发出蓝色光。

（2）当水温为35 ~ 45℃时，认为水温适合，RGB全彩LED发出绿色光。

（3）当水温大于45℃时，认为过热，RGB全彩LED发出红色光。

题目分析

这也是一个利用模拟输出传感器来进行智能控制的入门阶段中等难度应用性题目，LM35温度传感器和RGB全彩LED都是非常常见和经常被使用的电路元器件。这类题目在创客编程任务赛、单片机（电路）比赛和创客（作品）挑战类比赛中经常出现。从题目分析，我们可以得到的关键信息如下。

- 直接用到的器材：Arduino平台、Mini面包板、LM35温度传感器和RGB全彩LED

- 间接用到的器材：杜邦线等

- 需要用到的编程模块：数学运算、带返回值函数等

下面我们来一步步完成这个题目，同时介绍一下相关器材和电子电路知识。

相关新器材：LM35温度传感器与RGB全彩LED

LM35温度传感器

LM35是一种广泛使用的温度传感器（见图3.46），输出可以从0℃开始，最常用的型号LM35DZ的输出范围为0 ~ 100℃。

$$V_{out\_LM35}(T) = 10mV/℃ \times T℃$$

上式是LM35（DZ）的输出电压与测试温度的计算公式，根据公式进行反向换算就可

以得到测试温度的计算公式。

一般Arduino平台采用的参考电压是5V（5000mV），所以通过模拟输入口采集到的实际电压值$V=V_{ref}$（5000）×val（采集值）/1024，根据LM35输出电压与温度的关系式$V=10T$，所以有：

$$10T=V_{ref}（5000）×val/1024$$

所以：$T=（125val）/256$

图 3.46　LM35 温度传感器

RGB全彩LED

本例中使用的是4脚共阴极RGB全彩LED（见图3.47），最长的引脚是共阴引脚，其余3个引脚分别是红、绿、蓝LED对应的引脚。

自然界中的绝大部分颜色，都可以由3种基色按一定比例混合得到；反之，绝大多数颜色均可被分解为3种基色（见图3.48）。

图 3.47　共阴极 RGB 全彩 LED

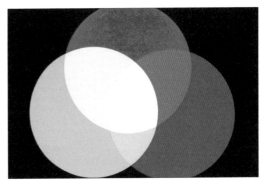

图 3.48　三基色

引申应用

利用模拟输入管脚，通过读取温度传感器LM35（DZ）的电压值，我们可以通过数学计算，将电压值换算为当前的温度值并通过串口打印出来，根据预设的温度指示应用场景（比如洗澡水的温度），我们可以分别让RGB全彩LED显示红、绿、蓝色或者将三基色混合显示出其他颜色，执行过程如下。

（1）读取温度传感器的电压。

（2）根据电压计算当前温度并通过串口打印。

（3）根据温度值设定全彩LED的颜色。

电路连接：LM35与RGB全彩LED

Arduino平台与元器件的连接关系如下。

（1）将LM35的1脚和3脚分别接到5V和GND。

（2）将LM35的中间引脚（2脚）接到模拟口A1。

（3）将RGB全彩LED最长的那根引脚通过杜邦线与GND相连接。

（4）通过3个电阻（220Ω），将RGB全彩LED另外3个引脚分别接到数字口D10 ~ D12。

我们将连接关系以图3.49展示出来。

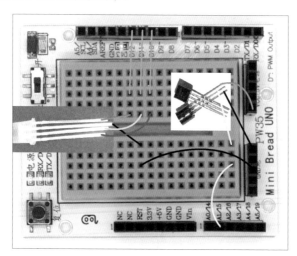

图 3.49　连接关系

连接完成的电路如图3.50所示。

注： 本应用所使用的RGB全彩LED与所连接Arduino引脚的颜色对应关系为：D10-蓝，D11-绿，D12-红。

图 3.50 连接完成的电路

程序编写：完整实现程序

我们将使用一个带返回值的子函数完成模拟温度传感器的温度测量与计算过程。

（1）声明两个变量 A1Value、lm35temp 并赋值 0。

（2）为了能够直观地看到计算结果，初始化串口并设置波特率为 9600。

（3）新建一个带返回值的子程序 GetTemp，并将 lm35temp 作为返回值。

（4）将模拟输入管脚 "A1" 的值赋予 A1Value。

（5）使用 "数学" 程序组下的运算公式，根据温度计算公式，将 A1Value 转化为温度值并赋值给 lm35temp。

（6）根据题目要求通过 LM35 测量（洗澡水的）温度，让用户通过观察 LED 的颜色就能够知道目前的水温是否适合洗澡（尤其是老人和小朋友使用时比较直观），颜色设定规则如下。

- 当水温小于35℃时，认为过凉，RGB全彩LED发出蓝色光。

- 当水温为35 ～ 45℃时，认为水温适合，RGB全彩LED发出绿色光。

- 当水温大于45℃时，认为过热，RGB全彩LED发出红色光。

（7）根据上面的规则，通过"如果……执行"模块控制数字口的输出，实现对RGB全彩LED发光颜色的控制。

注： 这个应用场景曾经被用作一个"智能花洒"创新项目，并获得北京市朝阳区中小学创新大赛一等奖（北京市二等奖）。

参考程序如图3.51所示。

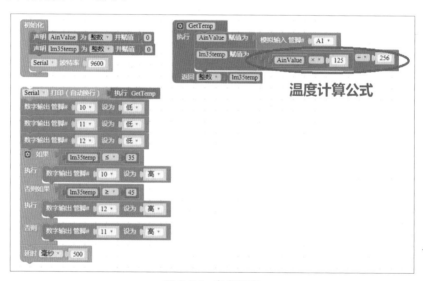

图 3.51　参考程序

这样我们就完成了使用LM35模拟温度传感器控制RGB全彩LED的小应用。

注1： 演示视频获取地址见附录（视频中用吹风机代替水流模拟温度变化）。

注2： 大家也可以在百度网盘下载参考程序，地址见附录。

进阶题目

请结合前面章节学习的"火焰检测与声音报警"的内容，使用LM35模拟温度传感器、RGB全彩LED及小扬声器，实现如下应用。

（1）当温度从30℃（及以下）向40℃变化时，LED发出蓝色光并由最亮向灭变化。

（2）当温度由40℃向30℃变化或者由40℃向50℃变化时，LED发出绿色光并由最亮向灭变化。

（3）当温度由50℃（及以上）向40℃变化时，LED发出红色光并由最亮向灭变化。

（4）当温度小于30℃或者大于50℃时，小扬声器播放音乐报警。

3.9 使用双轴按键摇杆模拟控制小车行进（以LED代替）

题目要求

使用Mini面包板，使用最常见的遥控控制模块"X-Y-Z双轴按键摇杆"来控制多个LED，实现模拟控制小车行进，要求用不同颜色的LED显示不同控制状态。

（1）用两个黄色的LED显示左转、右转操作。

（2）用两个绿色的LED显示前进、后退操作。

（3）用一个红色的LED显示刹车操作。

题目分析

这是一个利用多输入传感器来进行复杂控制的入门阶段中等难度应用性题目，其中正确的面包板连接占了难度的60%，而编程的难度则只占了40%！这类题目在创客编程任务赛、单片机（电路）比赛和创客（作品）挑战类比赛中都会经常出现。从题目分析，我们可以得到的关键信息如下。

- 直接用到的器材：Arduino平台、Mini面包板、双轴按键摇杆和LED

- 间接用到的器材：杜邦线、电阻等

- 需要用到的编程模块：逻辑等

下面我们来一步步完成这个题目，同时介绍一下相关器材和电子电路知识。

相关新器材：X-Y-Z双轴按键摇杆

X-Y-Z双轴按键摇杆，又叫三维摇杆，是一种输入设备，具有（X、Y）2轴模拟输出、（Z）1路按钮数字输出（见图3.52）。

摇杆的X轴、Y轴的工作原理与之前学习的电位器非常类似，输出一组两个模拟信号，松

图 3.52 X-Y-Z 双轴按键摇杆

开时摇杆处在中间位置，输出值为500左右，上下或左右扳动时分别逐步移向高（1023）和低（0）。

摇杆的Z轴（SW）与之前学习的按钮开关非常类似，输出一个数字信号，松开为1（高电平），按下为0（低电平）。

引申应用

利用模拟输入管脚读取X轴、Y轴的输出值，我们可以通过逻辑判断，确定双轴所处的方向；利用数字输入管脚读取Z轴输出值，可以判断其按下、松开状态，本节应用的执行过程可制定如下。

（1）读取X轴模拟输出值，当数值小于400时判定为左转，当数值大于600时判定为右转，点亮相应的黄色LED。

（2）读取Y轴模拟输出值，当数值小于400时判定为前进，当数值大于600时判定为后退，点亮相应的绿色LED。

（3）读取Z轴数字输出值，当数值为真时判定为松开；为假时判定为按下，点亮红色LED。

电路连接：模拟小车控制状态的LED

Arduino平台与用来模拟控制状态的5个LED的连接关系如下。

（1）在Mini面包板中心靠左一些的凹槽两侧跨接红色LED。

（2）在红色LED两侧（凹槽）跨接两个黄色LED，分别代表左转和右转。

（3）在红色LED上下（纵向面包孔）跨接两个绿色LED，分别代表前进和后退。

（4）通过5个电阻（220Ω），将5个LED的长引脚分别接到数字口D8～D12。

（5）通过几根杜邦线将5个LED的短引脚串接到GND上。

我们将连接关系以图3.53展示出来，箭头起点代表LED的长引脚，终点（箭头）代表LED的短引脚。

连接完成的电路如图3.54所示。

图 3.53　连接关系

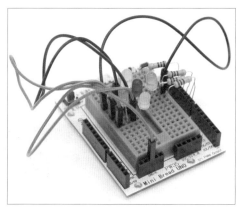

图 3.54　连接完成的电路

程序编写：LED 测试程序

考虑到本节的应用题目连接比较复杂，尤其是 5 个带有极性的 LED 的连线比较多又比较集中，我们先编写一个测试程序来检验一下电路连接。

使用一个变量进行循环，顺序点亮连接在D8 ~ D12上的5个LED，程序如图3.55所示。

程序运行效果如图3.56所示。

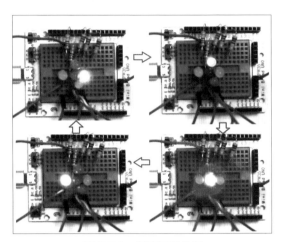

图 3.56 程序运行效果

图 3.55 参考程序

结合测试视频，我们定义各端口对应的模拟控制关系如下：左转接D8，右转接D12，前进接D11，后退接D9，刹车接D10。

电路连接：X-Y-Z双轴按键摇杆

Arduino平台与双轴按键摇杆的连接关系如下。

（1）用杜邦线将摇杆的5根插针引出，以便在面包板上插接。

（2）将连接摇杆的电源（5V）与GND的两根杜邦线连接到编程平台对应的电源和GND口。

（3）将连接摇杆的X轴、Y轴、Z轴（SW）的3根杜邦线分别连接到模拟口A2、A1、A0。

注：部分从网上购买的摇杆的Z轴没有安装上拉电阻，对于这种情况，需要在Z轴与电源（5V）之间再跨接一个10kΩ的电阻（本例不需要跨接）。

我们将连接关系以图3.57展示出来。

连接完成的电路如图3.58所示。

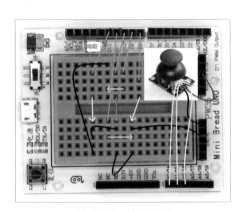

图 3.57 连接关系

图 3.58 连接完成的电路

注： 我们定义各端口对应的模拟控制关系如下：X 轴－A2－左转／右转，Y 轴－A1－前进／后退，Z 轴－A0－刹车／松开。

程序编写：完整实现程序

在本节一开始我们就提到，这道中等难度的应用性题目，其中正确的面包板连接占了难度的 60%，而编程的难度只占了 40%！接下来我们将用简单的"程序内运算"来代替用变量值判断实现题目要求。

（1）根据 Z 轴（A0）输出值的真假来设定红色 LED（D10）的亮灭。

（2）对 X 轴（A2）模拟输入值进行判断，控制黄色 LED（D8／D12）。

（3）对 Y 轴（A1）模拟输入值进行判断，控制黄色 LED（D9／D11）。

参考程序如图3.59所示。

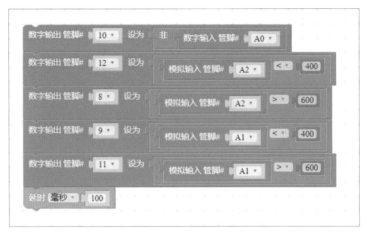

图 3.59　参考程序

这样我们就完成了使用摇杆模拟控制小车的应用，运行效果如图3.60所示（用LED模拟小车行进状态）。

图 3.60　程序运行效果

注1： 演示视频获取地址见附录。

注2： 大家也可以在百度网盘下载参考程序，地址见附录。

进阶题目

本节应用模拟了用摇杆控制小车运行状态的场景，但是没有对行驶速度和转弯角度进行精细控制，请结合前面章节学习的"使用旋钮电位器控制舵机角度"的内容，在本节应用的基础上，实现如下应用。

（1）用两个黄色的LED显示左转、右转操作，用亮度显示转弯角度。

（2）用两个绿色的LED显示前进、后退操作，用亮度显示速度。

（3）用一个红色的LED显示刹车操作。

3.10 使用LCD1602和DHT11显示温/湿度

题目要求

使用Mini面包板，利用常见的LCD1602液晶显示屏及数字温/湿度传感器DHT11，制作一个简易的环境温/湿度显示仪。

题目分析

这是一个用复杂输出设备（LCD1602）来显示复杂传感器（DHT11）采集到的数值的题目，属于入门阶段较高难度的应用性题目，正确的面包板连接与合理的编程分别占据了难度的50%！这类题目在创客编程任务赛、单片机（电路）比赛和创客（作品）挑战类比赛中都会出现。从题目分析，我们可以得到的关键信息如下。

- 直接用到的器材：Arduino平台、Mini面包板、LCD1602和DHT11

- 间接用到的器材：杜邦线、电位器等

- 需要用到的编程模块：文本连接等

下面我们来一步步完成这个题目，同时介绍一下相关器材和电子电路知识。

相关新器材：DHT11与LCD1602

DHT11数字温/湿度传感器

DHT11是一款有已校准数字信号输出的温/湿度传感器（见图3.61）。

- 湿度精度：±5%RH。

- 温度精度：±2℃。

- 湿度量程：20%RH ~ 90%RH。

- 温度量程：0 ~ 50℃。

图3.62所示为DHT11的封装及引脚顺序、定义，在面包板上连接的时候不可连错，尤其是电源地，接反后传感器会迅速被烧坏。

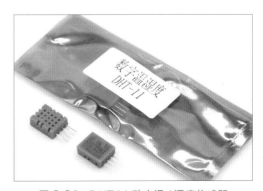

图 3.61 DHT11 数字温 / 湿度传感器

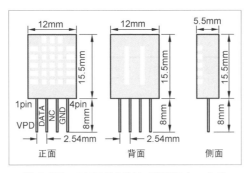

图 3.62　DHT 的封装与引脚顺序、定义

LCD1602液晶显示屏

LCD1602是工业用字符型液晶显示屏，是一种专门用来显示字母、数字、符号等的点阵型液晶显示屏，能够同时显示16×02即32个字符（见图3.63）。

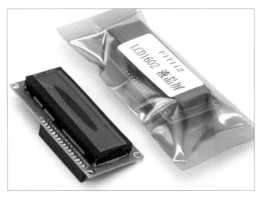

图 3.63　LCD1602 液晶屏

在一般电路中，我们采用4线连接法（总共8个数据I/O口）或者外接I^2C转接适配器的方法来控制LCD1602的显示，本例采用4线连接法。

电路连接：LCD1602 的 4 线连接法

虽然我们把直接通过ArduinoI/O口控制LCD1602的连接法叫4线连接法，但实际上总共要占用Arduino 6个I/O口，同时从LCD1602上总共要引出12根杜邦线（总共16个接口），并且要配一个电位器来调节对比度。硬件平台与外部模块的连接关系如下。

（1）利用6根杜邦线，参照LCD1602的引脚定义（见图3.64），将Arduino的数字I/O口D7 ~ D12按图3.65所示定义与LCD1602的I/O口相连接。

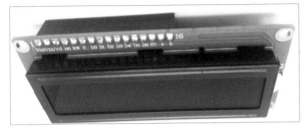

图 3.64　LCD1602 的引脚

Arduino I/O	LCD1602 I/O
D7	4-RS
D8	6-CS（E）
D9	11-D4
D10	12-D5
D11	13-D6
D12	14-D7

图 3.65　Arduino I/O 口与 LCD1602 引脚的连接

（2）将旋钮电位器的1脚和3脚分别接到5V和GND，同时将旋钮电位器的中间引脚（2脚）接到LCD1602的VO（3脚）。

（3）利用2根杜邦线，将LCD1602的VDD（2脚）和A（15脚）接到5V。

（4）用3根杜邦线，将LCD1602的VSS（1脚）、RW（5脚）和K（16脚）接到GND。

我们将连接关系以图3.66展示出来。

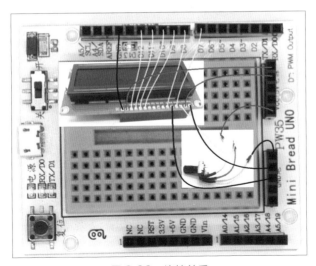

图 3.66　连接关系

电路连接：DHT11数字温/湿度传感器

图3.67所示为DHT11与控制器的一般连接方法，在本节应用中，我们利用面包板按照以下方法来完成连接。

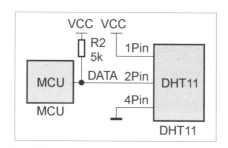

图 3.67　DHT11 与控制器的一般连接方法

（1）将DHT11的1脚接到5V。

（2）将DHT11的4脚接到GND。

（3）在DHT11的1脚和2脚之间跨接一个10kΩ的电阻（上拉）。

（4）将DHT11的2脚接到主控板的数字D3接口。

我们将连接关系以图3.68展示出来。

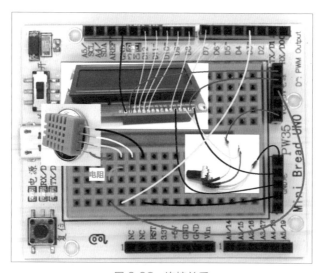

图 3.68　连接关系

连接完成的电路如图3.69所示。

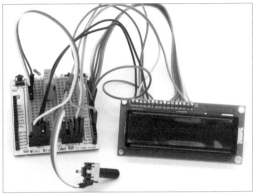

图 3.69 连接完成的电路

程序编写：完整实现程序

在本节一开始我们提到，这是一个用复杂输出设备（LCD1602）来显示复杂传感器（DHT11）采集到的数值的题目，上面的电路连接已经让我们了解了这道题目动手部分的难度。编程部分的难度在于对工作原理和控制时序的编写，如果这部分从零起步用代码来编写函数，对于普通用户来说难度非常大。好在 Mixly 已经帮助用户实现了这部分，用户只需要采用封装好的编程模块，进行简单设置即可。接下来我们一起来实现题目要求。

准备工作：视图转换

使用4线连接法来控制LCD1602不是很常用，所以我们需要进入"高级视图"来将这些隐藏起来的编程模块显示出来，方法如图3.70所示。

（1）在"初始化"编程模块内，对液晶显示屏进行引脚连接关系初始化。

（2）在液晶显示屏上显示初始化信息。

（3）对液晶显示屏进行清屏操作。

（4）在"传感器"编程模块组中找到"DHT11"，获取温度和湿度值并通过液晶显示屏打印。

注：这里使用了"文本连接"模块来增加提示信息。

参考程序如图3.71所示。

这样我们就完成了使用LCD1602显示温/湿度的应用。

注1：演示视频获取地址见附录（主要展示软件启动过程及使用电位器调整屏幕对比度）。

注2：大家也可以在百度网盘下载参考程序，地址见附录。

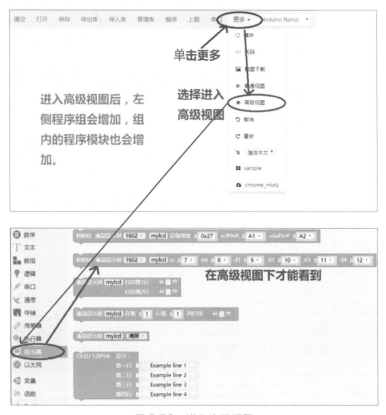

图 3.70　进入高级视图

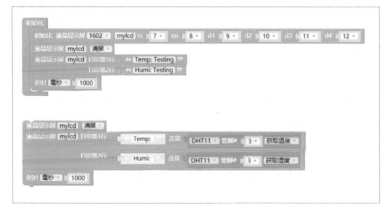

图 3.71　参考程序

进阶题目

有了液晶显示屏，能够显示的信息就更多了！请结合前面章节学习的"使用LM35和全彩LED指示温度"的内容，给该节的应用加上更为直观的温度信息及提示。

（1）LCD1602首行显示实时温度。

（2）LCD1602第二行显示提示信息。

3.11　本章小结

通过本章的学习，我们对Arduino常用的传感器和周边电路器材的搭配方法、编程方法和典型应用有了了解，并且能够综合应用这些器材完成一些常见的创客作品。

在下一阶段，我们将脱离面包板，使用一些更为方便使用、连接方便且更为可靠的模块化器材，以项目式学习方式展开创客作品及机器人的制作与编程！

附录1 器材准备

根据硬件结构的类似性及软件对不同平台的支持情况，本书可适用于很多兼容的开源硬件平台，如：

（1）Arduino Uno；

（2）Arduino Leonardo；

（3）Arduino Nano；

（4）Arduino MEGA 2560等。

但是由于绝大多数平台并未包含Mini面包板，所以使用时需要使用普通面包板或者额外的扩展板。

本书所用编程平台：外观

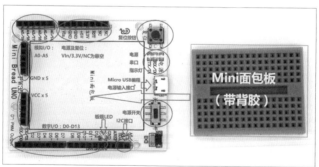

常见兼容平台：以使用最为广泛的 Arduino Uno 为例

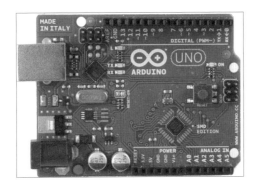

兼容器材搭配本书使用方案一：带 LED Mini 面包板扩展板

下图中的扩展板兼容 Arduino Uno，可完成本书所有内容的学习，它针对数字口 D2 ~ D13 板载了 12 个 LED，方便调试和学习。

兼容器材搭配本书使用方案二：独立面包板

由于兼容器材上没有足够的 5V 电源和 GND 接口，需要配合带有正负极插孔的面包板使用，如下图所示。

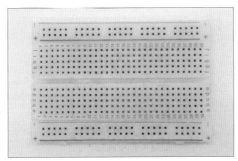

本书所用器材列表

Arduino编程学习套件-标准版

编码	中文名称	数量
PW000035	带面包板 Arduino Uno 可编程平台	1
FIT00036	Micro USB 4芯数据连接线	1
FIT00093	5mm LED混合包（红×5、黄×5、绿×5、蓝×5、RGB全彩×5）	1
FIT00094	按钮开关×1（带引线）	1
FIT00095	1/4W插针电阻220Ω×10	1
FIT00096	1/4W插针电阻1kΩ×10	1
FIT00097	1/4W插针电阻10kΩ×10	1
FIT00117	1/4W插针电阻1MΩ×10	1
FIT00099	20针杜邦线，公－母	1
FIT00100	20针杜邦线，公－公	1
FIT00101	电解电容10μF/25V TH×5	1
FIT00102	NPN三极管S9013 T092×3	1
FIT00103	单声道小扬声器（带引线）	1
FIT00104	模拟温度传感器LM35DZ	1
FIT00105	火焰（红外）传感器	1
FIT00106	10kΩ旋钮电位器（带引线）	1
FIT00107	光敏电阻（模拟光强传感器）	1
FIT00052	9g舵机SG90	1
FIT00091	3~6V高速DIY小电机（带引线与扇叶）	1
FIT00108	双轴按键摇杆（带摇杆帽）	1
FIT00109	数字温/湿度传感器DHT11 TH	1
FIT00110	超声波测距传感器	1
FIT00111	双位共阳极数码管	1
FIT00112	LCD1602（带16脚插针座）	1

器材推荐购买链接：本书作者微店

附录 2 相关链接与资源

　　本书基于网页版Mixly编写，同时也适用于单机版Mixly软件，对其他图形化编程软件的学习也有帮助。

　　为了让读者能够更为清晰和直观地了解书中各章节应用所实现的功能，作者同时在微信订阅号和优酷、腾讯等视频网站上传了应用演示视频，同时在百度网盘提供了参考程序。

　　读者还可以通过微信群或者QQ群等渠道，直接与作者进行沟通获得技术交流与支持，同时也可以和全国各地的读者、老师、学生进行交流。

网页编程访问：

网址1：http://www.coolmakers.cc

网址2：http://mixly.coolmakers.cc

单机版软件下载：

官方下载地址：https://pan.baidu.com/s/1dE3Z6db#list/path=%2F

其它下载地址：https://pan.baidu.com/s/1nv5ckTN 　密码：t24w

参考程序下载：

下载地址：https://pan.baidu.com/s/1o8jwLcQ 　密码：b287

演示视频：

优酷播单地址：http://list.youku.com/albumlist/show/id_50421565.html

作者订阅号:

创客培养解决方案:

读者与用户服务QQ群:

以下3个附录建议访问作者订阅号获取。

附录3:Windows 10禁用驱动程序强制签名的方法

附录4:Windows 7 Ghost系统软件/驱动安装失败的解决方法

附录5:MacOS系统CP2102驱动安装(识别)错误的解决方法